城市轨道交通专业技能培训教材

通信设备管理与维护

中 铁 通 轨 道 运 营 有 限 公 司
温州市铁路与轨道交通投资集团有限公司运营分公司 编著

中国铁道出版社有限公司

2022年·北 京

内容简介

本书为“城市轨道交通专业技能培训教材”系列图书之一。全书共分为5章，内容包括城市轨道交通通信系统概述、城市轨道通信系统基础知识、城市轨道通信系统维护、城市轨道通信系统安全操作与故障处理、城市轨道通信专用仪器仪表使用等方面，旨在使员工掌握基本安全知识及安全操作技能。

本书可供城市轨道交通领域管理与维护相关的从业人员，以及轨道交通职业院校的师生使用与参考。

图书在版编目(CIP)数据

通信设备管理与维护/中铁通轨道运营有限公司，温州市铁路与轨道交通投资集团有限公司运营分公司编著. —北京：中国铁道出版社有限公司，2022.8

城市轨道交通专业技能培训教材

ISBN 978-7-113-29019-1

Ⅰ.①通… Ⅱ.①中… ②温… Ⅲ.①通信设备-设备管理-技术培训-教材 ②通信设备-维修-技术培训-教材 Ⅳ.①TN914

中国版本图书馆CIP数据核字(2022)第053288号

书　　名：通信设备管理与维护
作　　者：中铁通轨道运营有限公司
温州市铁路与轨道交通投资集团有限公司运营分公司

策　　划：徐　艳　黎　琳　王　淳
责任编辑：徐　艳　　　　编辑部电话：(010)63583191
编辑助理：杨宣津
封面设计：尚明龙
责任校对：孙　玫
责任印制：樊启鹏

出版发行：中国铁道出版社有限公司(100054，北京市西城区右安门西街8号)
网　　址：http://www.tdpress.com
印　　刷：河北燕山印务有限公司
版　　次：2022年8月第1版　2022年8月第1次印刷
开　　本：787 mm×1 092 mm　1/16　印张：11.25　字数：211千
书　　号：ISBN 978-7-113-29019-1
定　　价：46.00元

《通信设备管理与维护》编审人员

主　编　杨迎卯　王式磊　齐万明

副主编　邱连俊　陈　业　朱国强

参　编　郑　炜　季炳鑫　张喜元　何伟仑　堵天云
　　　　杨秉尚　赵　洁　徐志磊　张　威　潘圣凯

主　审　马向东

参　审　闵永超　张春旭　刘帅刚

前言

我国城市轨道交通发展迅速，截至2021年12月31日，全国(不含港澳台)共有50个城市开通运营城市轨道交通，运营里程达9 206.8 km。随着运营里程的快速增加，城市轨道交通管理与维护人员的需求也不断增大。同时，城市轨道交通设备设施比较庞杂，且不同城市的轨道交通设备制式、厂家不尽相同，设备管理与维护过程中修程修制也有较大出入，因此在城市轨道交通设施设备日常管理与维护中，确立相对统一的管理与维护人员专业技能培训内容至关重要。

为实现企业专业技能培训科学合理化，全面提升技能队伍整体管理与维护水平，促进作业规范化、标准化，降低设备运行中的故障率，确保安全运行，中铁通轨道运营有限公司会同温州市铁路与轨道交通投资集团有限公司运营分公司组织相关人员编制了“城市轨道交通专业技能培训教材”系列图书。本套书共13册，本书为套书之一。

本套书从基础知识、运行维护、安全操作、故障判别与处理等方面阐述了城市轨道交通12个专业的管理和维护要求，并且对相关专业管理和维护过程中常见的故障进行原因分析，对高频次故障的预防及处理进行梳理。套书力求在以下方面有所突破：

一是力求岗位理论知识覆盖全面。教材根据岗位的基础知识和技能要求，内容覆盖了实际工作中需掌握的专业知识点，将理论内容结合岗位需求针对性讲解。按照连接性和扩展性要求对知识点进行必要的细化和展开，使相关的技能和知识点连成线、织成片；注重各专业间有机衔接，补充必需的基础性、辅助性知识和技能，形成较为完整的知识体系。

二是力求适用性广泛。教材内容以温州S1线市域(郊)铁路运营实践为主，同时结合国内其他城市轨道交通设备使用情况和借鉴先进管理经验，保证图书在行业内具有较好的适用性。

三是力求指导性突出。作为岗位人才培养的基础教材，图书在介绍理论知识基础上，同时介绍岗位工作接口、日常生产任务、生产技能等要求，以适应岗位的工作要求。

本套书在编写过程中汲取了相关市域（郊）铁路管理和维护单位的实践经验，结合现行国家和行业标准，紧密联系城市轨道交通的工作实际，内容深入浅出，文字力求通俗易懂。本套书既可作为市域（郊）铁路运营与管理企业员工专业技能培训教材，也可供轨道交通职业院校的师生以及行业管理人员使用与参考。

本分册为《通信设备管理与维护》，全书共分为5章，内容包括城市轨道交通通信系统概述、城市轨道通信系统基础知识、城市轨道通信系统维护、城市轨道通信系统安全操作与故障处理、城市轨道通信专用仪器仪表使用等方面，旨在使员工掌握基本安全知识及安全操作技能。

需要说明的是，本书内阐述的主要设备案例及应用场景均来源于温州市域铁路S1线。由于城市轨道交通发展日新月异，各个城市使用的设备品牌、工艺、技术等均有所不同，加之编制人员专业技能与实践经验存在一定局限性，书中难免存在错漏之处，敬请读者批评指正，以便及时修订和完善。

编　者

2022年1月

目 录

第1章 城市轨道交通通信系统概述

1.1 城市轨道交通通信系统介绍

城市轨道交通通信系统是城轨行车调度指挥、运营服务管理、内外联络的重要信息交互系统。它不是单一的子系统，而是多个独立子系统的组合，建立一个视听链路网，为运营管理和设备维修提供语音、数据和图像信息的传送和交换，并具有自身网络监控和管理功能，是保证列车安全、稳定、高效运行一种不可缺少的信息化、自动化、智能化的综合系统，在突发和紧急情况下，能为抢修抢险救灾提供一定的应急通信功能。

通信系统允许运营、管理及维修人员或其他系统设备通过传输诸如语音、数据、图像等电信号在一定的距离进行通信。这些通信的服务范围包括运营控制中心、车站、车辆段、隧道及列车。各子系统可以对各自子系统内的故障进行检测和告警，从而确保整个通信系统的可靠性。

1.2 城市轨道交通通信系统组成

城市轨道交通通信系统通常由以下各专业子系统组成，但随着轨道交通和通信技术的不断发展，一些子系统会发生变化，又会有新的子系统增加。

- 传输系统
- 时钟系统
- 通信电源系统
- 有线电话系统（专用电话、公务电话）
- 无线通信系统（专用无线、消防无线、公安无线）
- 视频监视系统
- 广播系统
- 乘客信息系统

1.2.1 传输系统

传输系统是轨道交通通信系统中重要子系统，是通信系统中的基础网络，它为各种业务信息系统提供可靠的、冗余的、灵活的信息传输及交换信道，构成传送语言、文字、数据和图像等各种信息的综合业务传输网。

1.2.2 时钟系统

时钟系统为控制中心调度员、车站值班员、各部门工作人员及乘客提供统一的标准时间信息，并为其他系统提供统一的时间信号。时钟系统的设置对保证市域铁路运行计时准确、提高运营服务质量起重要作用。

1.2.3 通信电源系统

通信电源系统是通信系统各设备正常工作、充分发挥效能的重要保障，除了要消除电网对通信设备的损害，还要保证对设备的供电要求和质量。电源系统为轨道交通通信各子系统的正常运行提供电源，是保证通信系统正常工作的必要条件，因此通信电源系统必须安全可靠，并保证不间断连续运行。

1.2.4 电话系统

1. 专用电话系统

专用电话系统是调度员和车站、车辆段值班员指挥列车运行和下达调度命令的重要通信工具，是为列车运营、电力供应、日常维修、防灾救护、维修管理提供指挥手段的专用通信系统。可为控制中心指挥人员如行车调度、电力调度、防灾环控调度等提供专用直达通信，并且具有单呼、组呼、全呼、紧急呼叫和录音等功能，同时可为站内各有关部门提供与车站值班员之间的直达通话，以及车站值班员与邻站值班员的直达通话。

2. 公务电话系统

公务电话系统为城轨运营、管理、维修等部门的工作人员提供语音、数据、传真、可视图文等通信业务，可实现与市公用电话联网。在城轨专用电话系统出现重大故障时，公务电话系统可以作为专用电话的应急通信手段。

1.2.5 无线通信系统

1. 专用无线系统

无线通信系统是车地通信的重要通信系统，为控制中心调度员、车站值班员等固定用户与列车司机、防灾、维修等移动用户之间提供通信手段，满足行车指挥及紧急抢险的需要，并具有选呼、组呼、全呼、紧急呼叫、呼叫优先级权限等调度通信、存储及监测等功能。除重要的列车集群调度外，目前还承担视频监控画面回传、车地PIS信息传送等功能。

2. 消防无线系统

消防无线系统是为消防部门在轨道交通地下空间内实施消防和救灾作业时所设的专用通信系统，是重要的消防设施之一，具备良好的多级冗余容灾方案，保证系统可以提供稳定、可靠的通信。在国内各城市的轨道交通消防无线建设时，会根据各城市消防部门的不同要求，采用不同技术方式和标准。

3. 公安无线系统

公安无线系统是为公安部门在轨道交通内进行实战指挥调度、社会治安控制和安全保卫工作服务，能够保证轨道交通公安地下与地面、地下与地下警务人员之间的不间断通信联络。一般在地下车站及区间隧道设置无线引入系统，将地面公安专用无线信号引入地下车站和区间隧道。

1.2.6　视频监视系统

视频监视系统是保证城市轨道交通行车组织和安全的重要手段。调度员和车站值班员利用该系统监视列车运行、客流情况、变电所设备室设备运行情况，是提高行车指挥透明度的辅助通信工具。当车站发生灾情时，视频监视系统可作为防灾调度员指挥抢险的重要指挥工具。

1.2.7　广播系统

广播系统为控制中心调度员、车站值班员、站台工作人员、车辆段/停车场值班员提供相对应区域的广播。在紧急情况下，防灾调度人员可以直接利用广播对其工作人员与乘客进行应急指挥、调度和疏导。广播系统由正线广播和车辆段/停车场广播两个系统组成。

1.2.8　乘客信息系统

乘客信息系统是城市轨道交通运营管理现代化的配套设备，依托多媒体网络技术，以计算机系统为核心，以车站和车载显示终端为媒介，向乘客提供信息服务的系统。在正常情况下乘客通过信息显示屏可以及时了解列车的运行状态、安全事项及其他各种多媒体信息；在火灾等非正常情况下，提供紧急疏散提示。车载设备通过接收无线传输的信息经处理后实时在列车车厢信息显示屏进行音视频播放，使乘客通过正确的服务信息引导，安全、便捷地乘坐城市轨道交通。

第2章 城市轨道通信系统基础知识

2.1 传输系统

传输系统是通信系统中的骨干系统，能迅速、准确、可靠地传送市域铁路运营管理所需要的各种信息。采用技术先进、安全可靠、经济实用、便于维护的光纤数字传输设备组网，构成具有承载语音、数据和图像等各种信息的多业务传输平台，并具有自愈环保护功能。

传输系统具有集中维护管理功能，采用简明、直观的界面和安全机制监视每个传输节点主要模块和用户接口的工作状态，可提供声光报警和打印告警数据。在控制中心配置网管设备，提供完善的网络管理系统。

通常轨道交通传输系统是以光纤通信为主的传输系统网络，在技术制式上一般采用光同步数字技术。

2.1.1 光纤通信

光纤通信系统属于有线通信系统，是用光波作为载体来传递信息的一种通信方式，其传输介质是光纤。

1. 光纤通信的主要特点

(1)传输频带宽，通信容量大。

(2)线路损耗低，传输距离远。

(3)抗电磁干扰，传输质量佳。

(4)通信串话可能性小，保密性强，使用安全。

(5)光纤芯径细、重量轻，便于铺设和运输。

(6)光纤制造资源丰富。

2. 光纤的结构

光纤由纤芯、包层和涂覆层组成。其基本结构如图 2.1 所示。

(1)纤芯(Core)折射率较高，是光波的主要传输通道。

(2)包层(Cladding)折射率较低，与纤芯一起形成全反射条件。

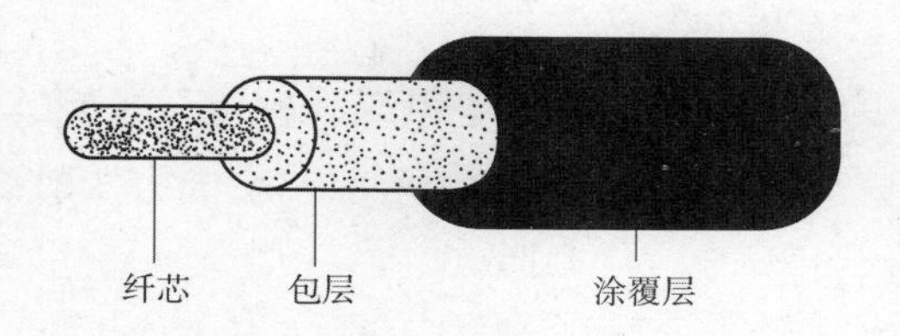

图 2.1　光纤基本结构

(3)涂覆层(Coating)强度大,能承受较大冲击,保护光纤。

3. 光纤的模式分类

按照光纤的传导模式分类,可分为单模光纤和多模光纤。

(1)单模光纤(Single-Mode)

通信用单模光纤的纤芯标称直径为 8.3 μm,包层标称外径为 125 μm,表示为 8.3/125 μm。单模光纤携带单个频率的光将数据从光缆的一端传输到另一端,使用的光波波长为 1.31 μm 或 1.55 μm。由于单模光纤完全避免了模式散射,使得传输频带很宽,因而适用于大容量、长距离的光纤通信。

(2)多模光纤(Multi-Mode)

通信用多模光纤的纤芯标称直径为 50 μm 或 62.5 μm,包层标称外径为 125 μm,表示为 50/125 μm 或 62.5/125 μm。多模光纤可以同时携带几种光波,由于其模间色散较大,限制了传输数字信号的频率,而且随距离的增加这种情况会更加严重。

4. 光纤的传输特性

光纤的传输特性主要包括光纤的损耗特性和色散特性,此外还有光纤的非线性效应。

(1)光纤的损耗

光波在光纤中传输时,随着传输距离的增加,光功率会不断下降。光纤对光波产生的衰减作用称为光纤的损耗。衰耗特性对于评价光纤质量和确定光纤通信系统的中继距离有着决定性的作用,包括吸收损耗、散射损耗和其他损耗。

(2)光纤的色散

光纤的色散是指光纤传输脉冲信号时,脉冲信号在传输过程中被展宽的现象。对于数字光纤通信系统,当色散严重时,会导致光脉冲前后相互重叠,造成码间干扰,增加误码率。光纤色散分为材料色散、结构(波导)色散和模式色散。

(3)光纤的非线性效应

在高强度电磁场中任何电介质对光的响应都会变成非线性,光纤也不例外。特别是大容量、长距离的光纤通信中,光纤传输的光功率很大,使非线性问题更为突出。光纤的非线性可以分为受激散射效应和折射率扰动。

5. 光纤数字通信系统的基本构成

光纤数字通信系统是数字通信网的一个组成部分，它是以光纤作为媒介，提供了一个数字链路。典型的光纤数字通信系统如图 2.2 所示。系统由发射机、接收机和作为广义信道的基本光纤传输系统组成。

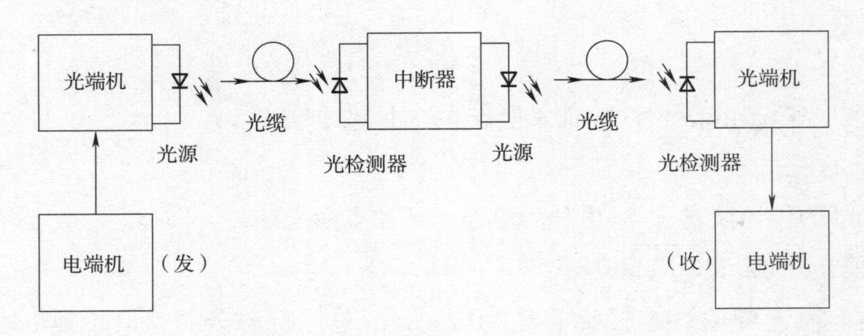

图 2.2　光纤数字通信系统

(1)光发射机

光发射机是实现电/光转换的光端机，由光源、输入接口、线路编码、调制电路、其他辅助电路等组成。其功能是将来自电端机的电信号对光源发出的光波进行调制，然后再将已调的光信号耦合到光纤或光缆去传输。

(2)光接收机

光接收机是实现光/电转换的光端机，一般由光检测器放大电路、均衡器、判决器、增益控制电路、时钟恢复电路等组成。其功能是将光纤或光缆传输来的光信号，经光检测器转变为电信号，再将微弱的电信号放大到足够的电平，送到接收端的电接收机。

(3)光纤线路

光纤或光缆构成了光的传输通路。其功能是将发信端发出的已调光信号，经过光纤的远距离传输后，耦合到收信端的光检测器上去，完成传送信息任务。

①光中继器

光中继器用于长距离传输中对衰减和变形的光信号进行放大和再生。由光检测器、光源和判决再生电路组成。它的作用可归纳为两个：一个是补偿光信号在光纤中传输时受到的衰减；另一个是对波形失真的脉冲进行修复。

②光纤连接器、耦合器等无源器件

由于光纤或光缆的长度受光纤拉制工艺和光缆施工条件的限制，且光纤的拉制长度也是有限度的，因此一条光纤线路可能存在多根光纤相连接的问题。于是，对于光纤间的连接、光纤与光端机的连接及耦合来说，光纤连接器、耦合器等无源器件的使用是必不可少的。

2.1.2　同步数字体系(SDH)

SDH(Synchronous Digital Hierarchy,同步数字系列)是一套可进行同步信息传输、复用、分插和交叉连接的标准化数字信号的结构等级,而SDH网络则是由一些基本网络单元(NE)组成,在传输媒质上(如光纤、微波等)进行同步信息传输、复用、分插和交叉连接的传送网络,它具有世界统一的网络节点接口(NNI)。这里所说的NNI是指网络节点互连的接口。

1. SDH网的优点

(1)具有标准的光接口规范,使1.5 Mb/s和2 Mb/s两大数字体系在STM-1等级以上获得统一,真正实现了数字传输体制上的世界性标准。

(2)同步复用方式和灵活的复用映射结构。SDH严格规定了映射复接,并采用指针技术、同步复用方式和灵活的映射结构,将PDH(准同步数字系列)低速支路信号(例如2 Mb/s)复用进SDH的帧中去(STM-N),这样低速支路信号在STM-N帧中的位置也是可预见的,因此可以从STM-N信号中直接分出/插入低速支路信号,使业务上、下行传输更加简便。

(3)具有强大的网络管理能力。SDH信号的帧结构中安排了丰富的开销字节,用于运行维护,使网络的监控功能大大加强。开销字节包括段开销(SOH,Section Overhead)和通道开销(POH, Path Overhead),不仅能支持告警、性能监控、网络配置、倒换和公务等功能,还可以进一步扩展用于满足将来的监控和网管需求。

(4)具有强大的自愈能力。具有智能检测的SDH网管系统和网络动态配置功能,使SDH网络容易实现自愈,在设备或系统发生故障时,能迅速恢复业务,提高网络的可靠性。

(5)具有后向兼容性和前向兼容性。SDH信号的基本传输模块(STM-1)可以容纳PDH的三个数字信号系列和其他的各种体制的数字信号系列——ATM、FDDI、DQDB等,体现了SDH的前向兼容性和后向兼容性。

上述特点中核心的有三条:同步复用、标准光接口和强大的网管功能。

2. SDH系统的设备构成

SDH传输设备主要由网元设备(NE)、网络节点接口(NNI)及网络管理系统组成。

(1)网元设备。实现SDH设备内支路间、群路间、支路与群路间、群路与群路间的交叉连接,还兼有复用、解复用、配线、光电互转、保护恢复、监控和电路资源管理等多种功能。

(2)网络节点接口。网络节点接口适应于各种网络接口的要求:2.048 Mb/s支路接口、34.368 Mb/s支路接口、139.264 Mb/s支路接口、155.520 Mb/s支路接口(光/电)。

(3)在接口方面,PCM接入网主要提供一些站间通信电话和一些低速通道通信端口,如RS-232、RS-422等,以及ISDN业务、2/4W等。

(4)网络管理系统。网络管理系统主要完成以下功能：

①传输网元、设备、单板、端口等的监控；

②网元软件管理，保护方案配置，各种网管数据的存档、备份、恢复等；

③实时地收集网络信息，处理对网元的操作数据；

④按照 ITU-T G. 826 和 G. 784 标准建立、收集、登记、显示性能信息；

⑤数据的完整性和控制网络登录。

2.1.3 城市轨道交通中的传输系统

1. 城市轨道交通中传输系统的功能

(1)传输系统具备基本的信息传递功能，然而随着多路线、大运量的交通线网的逐步形成，线网之间的信息互通必须通过骨干传输(层)网进行业务传输。

(2)传输网络具备迅速、准确、可靠地传送各类语音、数据、图像以及其他运营管理所需要的信息的功能。

(3)传输系统实现线网内各线各类调度信息的集中与互通，实现线网控制中心统一管理和集中指挥。

(4)线网内各线公务电话实现互联互通，为城市轨道交通的运营、管理部门提供快速、优质的语音服务。

(5)传输系统实现线网内各线无线通信系统语音和数据的互联互通，提高线网内各线无线通信系统运营管理的灵活性和安全性。

(6)线网内为各线提供统一、精确的时钟定时信号，保证各线数字传输网高效、准确地互通各方面的综合信息。

(7)线网内能将各线实时监视车站客流及旅客上下车的图像信息，反映到线网调度管理中心，成为加强运行组织管理水平，确保旅客安全、列车正点行驶的重要手段和措施。

(8)传输系统可传输轨道交通线网中机电系统的其他子系统的数据管理和监控信息。

2. 城市轨道交通中传输系统的接口

(1)与语音信息相关的系统接口

主要包括与公务电话、调度电话和广播系统的接口。

(2)与数据信息相关的系统接口

主要包括与通信系统各子系统的监控接口、时钟及网络同步信号接口、列车自动监控(ATS)接口、电力监控(SCADA)接口、自动售检票(AFC)接口、门禁系统(ACS)接口、机电设备监控(EMCS)接口、主控系统(MCS)接口、信息网络(EMIS)接口及其他运营数据接口等。

(3)图像信息相关的系统接口：主要包括与视频监控的接口。

3. 以 ZXMP S385 传输设备为例介绍城轨传输设备

(1)ZXMP S385 从功能层次上可分为硬件系统和网管软件系统，如图 2.3 所示。两个系统既相对独立，又协同工作。硬件系统是 ZXMP S385 的主体，可以独立于网管软件系统工作。

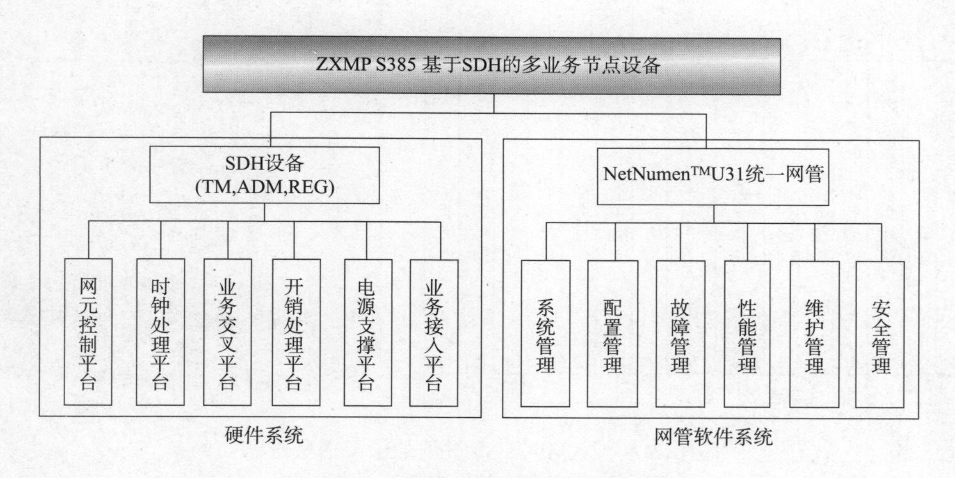

图 2.3　ZXMP S385 功能层次划分

(2)ZXMP S385 设备子架的组成部分如下。

背板：连接各个单板的载体，背板上设有单板连接插座，各单板通过插座和背板上的各种总线连接。

插板区：双层结构，用于插装 ZXMP S385 设备的单板。

风扇插箱：位于子架底部，用于对设备进行强制风冷散热。

ZXMP S385 设备的子架插板区分为上下两层，上排插接口板，下排插功能板，下排单板有 16 个槽位，上排单板有 15 个槽位。如图 2.4 所示。

槽位排列需要注意的事项如下。

①业务槽位光板(OL16/OL4/OL1)均可以混插。

②电板(如 EPE1/EPE3/LP1 等)只能插 10 个槽位(1～5、12～16)。

③QXI/SCI 均为必配板，分别位于槽位 66、67。

④18、19 板位为 NCP 板，两块为热备份。

⑤8、9 板位为交叉时钟板位，两块为热备份。

(3)ZXMP S385 设备常用单板及功能见表 2.1。

电接口出线区/桥接板	电接口出线区	电接口出线区	电接口出线区	电接口出线区	OW	ENCP	ENCP	QXI	SCI	电接口出线区	电接口出线区	电接口出线区	电接口出线区	电接口出线区/桥接板
61	62	63	64	65	17	18	19	66	67	68	69	70	71	72

业务槽位	业务槽位	业务槽位	业务槽位	业务槽位	业务槽位	业务槽位	CSF	CSF	业务槽位	业务槽位	业务槽位	业务槽位	业务槽位	业务槽位	业务槽位
1	2	3	4	5	6	7	8	9	10	11	12	13	14	15	16
FAN1						FAN2					FAN3				

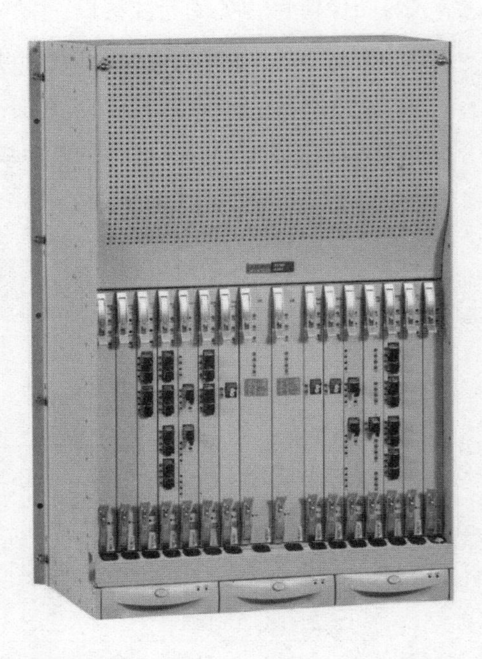

图 2.4　ZXMP S385 设备的子架插板区

表 2.1　ZXMP S385 设备常用单板及功能

单板代号	单板名称	主要功能说明
ENCP	网元控制板	提供网元管理功能
OW	公务板	实现勤务电话功能
QXI	QX 接口板	提供接口，包括电源接口、告警指示单元接口、列头柜告警接口、辅助用户数据接口、网管 QX 接口和扩展框接口
CSF	F 型交叉时钟板	完成多业务方向的业务交叉、1∶*N* 保护倒换控制以及网同步等功能。F 型交叉板最大交叉能力为 240G
TCS128	时分交叉模块	配合 CSF，提供低阶时分交叉功能，交叉能力 20G
SCIB	B 型时钟接口板(2 Mb/s)	提供外部数字时钟接口
SCIH	H 型时钟接口板(2 MHz)	提供外部模拟时钟接口
OL64	1 路 STM-64 光线路板	10G 光线路板
EPE1×63	63 路 E1 电处理板(接口为 75G)	E1 电处理板(75Ω)
ESE1×63	63 路 E1 电接口倒换板(接口 75Ω)	E1 电接口板(75Ω)，支持 1∶*N* 保护倒换
BIE1	E1 业务桥接板	在 E1 信号 1∶*N* 支路保护时使用，完成上述信号到保护板的分配和转接
SEE	增强型智能以太网处理板	具有以太网二层交换功能的以太网单板
ESFE×8	以太网电接口倒换板	以太网电接口倒换板，提供 8 路 FE 接口
RSEB	内嵌 RPR 交换处理板	实现以太网业务到 RPR 的映射，提供 RPR 所需的双环拓扑结构

2.2　时钟系统

时钟系统为控制中心调度员、车站值班员、各部门工作人员及乘客提供统一的标准时间信息，为本工程其他系统的中心设备提供统一的时间信号。时钟系统的设置对保证市域铁路运行计时准确、提高运营服务质量起到了重要的作用。

2.2.1　时钟系统的组成

时钟系统是由相关线路专门配置的包含 GPS 接收设备的时钟系统提供标准时间信息给该线路内的相关系统。即时钟系统按一级母钟和二级母钟两级组网方式设置，采用分布式结构，通过计算机进行集散式控制。

时钟系统主要包括：设在控制中心的 GPS 信号接收单元、一级母钟、中心接口和网络管理终端、电源等，设在车站（车辆段）的二级母钟、时间显示单元（子钟）、车站接口设备，以及传输通道等。二级母钟独立于一级母钟，可单独控制子钟，一级母钟可对二级母钟进行管理监控。

一级母钟设于控制中心，其中母钟信号板部分采用主备热备份工作方式，采用恒温晶体，主备工作钟能自动和手动倒换且可人工调整时间。

二级母钟设于各车站/车辆段通信设备室内，母钟信号板部分采用主备热备份工作方式，用于接收一级母钟的标准时间信号，并统一校准所带的子钟。

子钟设于控制中心调度大厅和各车站的车站控制室、警务室、票务室、变电所控制室、安全门设备室、综合监控机房、会议交接班室、站长室、站区长室及其他与行车有关的处所，并在车辆段停车场运转室、值班员室、停车列检库等有关地点设置子钟。所有子钟的地址可以灵活设置，通过按键调整。

时钟系统网管设备设于控制中心通信网管中心，用于管理全线的时钟系统设备，实时监测标准信号接收单元、一级母钟、二级母钟、子钟的工作状态，当控制中心、车站、车辆段时钟设备故障时，一级母钟、二级母钟、子钟可通过时钟专用网络实时将告警信号发送到控制中心时钟系统网管设备。

1. 一级母钟

一级母钟前面板配有年、月、日及时、分、秒、星期显示，并向二级母钟提供校时信号，向安装于控制中心运营办公室的子钟提供校时信号，同时向其他系统提供标准时间信号。

一级母钟能够接收外部标准时间信号源（GPS、BDS 及铷钟）的标准时间信号，来校准自身的时间，当外部时间信号发生故障时，一级母钟依靠自身高稳定度的恒温晶振继续独立工作，高稳定度的恒温晶振工作钟采用主备用方式，主钟模块和备用钟模块采用热备份工作方式，主备工作钟能自动和手动倒换，主母钟产生故障时，自动切换至备用母钟，主母钟的故障清除且继续正常工作后，又自动转换到主母钟工作。

一级母钟能接受外部标准信号接收器发送的同步校时信号，标准时间信号接收器能够接收GPS和北斗卫星的标准时间信号，同时设置一套高精度的铷钟作为备用时间源（内置标准时间信号接收机中），当GPS和北斗信号不能正常接收时，铷钟作为备用时钟源可继续提供高精度的时间信号向一级母钟发送。当接收外部标准时间信号的装置出现故障时，一级母钟利用自身的高稳定度晶振产生的时间信号仍可驱动二级母钟正常工作，并向时钟系统网管设备发出告警。

一级母钟定时（每秒）向二级母钟发送校时信号，并负责向控制中心等有关处所的子钟提供标准时间信号。当一级母钟出现故障时，能向时钟系统网管设备发出告警信号。

时钟系统具有网络集中监控管理功能，网管终端设于控制中心网管室，监测标准时间信号接收单元、一级母钟、二级母钟和子钟的工作运行状态，如果时钟设备各模块发生故障，能显示母钟各模块和子钟的位置及故障内容，并可发出声光报警。

2. 二级母钟

二级母钟前面板配有年、月、日及时、分、秒、星期显示，并向安装于车站的子钟提供校时信号。二级母钟具有数字式及指针式多路输出接口，输出接口为8路（数字式和指针式子钟通用），每路接口可总线方式并接不少于20个子钟。

二级母钟各个接口都是独立的隔离的物理接口，各个接口之间具有独自的地址认证和模块组成，相互之间是独立的，二级母钟各接口局部故障不影响整个系统正常工作。

当一级母钟发生故障时，二级母钟时钟信号处理模块也采用一主一备热备份工作方式，主备模块采用高稳定度的恒温晶振，在收不到一级母钟信号时，二级母钟利用自身的高稳定度晶振脱网独立运行，向子钟发送时间信号，带动子钟正常工作。

二级母钟提供标准时间信号给需要标准时间的其他系统，二级母钟配有16路RS-422数据接口。二级母钟由母钟箱和分路输出接口箱两部分组成。

二级母钟接收一级母钟的校时信号，校准自身的时间，然后能够发送标准时间信号，控制驱动所辖范围内的子钟，当一级母钟或传输通道出现故障时，二级母钟自身仍能独立运行，驱动子钟正常工作，并向时钟系统网管设备发出告警。二级母钟能向车站综合监控系统等其他系统发送标准时间信号，以保持时间的统一。

各车站/车辆段的子钟在本站/车辆段的母钟的控制驱动下，向工作人员及乘客直接显示标准时间信息：年、月、日、时、分、秒等，当二级母钟出现故障时，子钟利用自身的晶振能正常工作，并向时钟系统网管设备发出告警。

系统设备工作时间：24 h连续不间断工作。

3. 子钟

子钟有时、分、秒显示，显示清晰，子钟安装位置要便于观看。安装件及颜色，由投标方结合现场建筑特点进行设计。

所有子钟（包括发车钟）具有故障告警功能，先将故障告警信号送至二级母钟，二级母钟上有所有子钟的故障告警显示，二级母钟通过传输系统经告警信号送至时钟系统网管设备，时钟系统网管设备显示所有设备的告警信息。

当二级母钟发生故障时，子钟利用自身的晶振可脱网独立运行。

子钟具有脱网告警功能，当接收不到母钟信号时，子钟秒点开始闪烁，能够接收母钟信号时，秒点恢复常亮。

2.2.2　时钟基本原理与技术

在时钟同步系统中，时钟源的精度、时钟信号的传输方式和同步方式是同步技术的关键，直接影响到系统的精度。

1. 时钟源的精度

目前常见的时钟源有石英晶振、铯原子钟、铷原子钟等，它们可达到的精度为：2×10^{-2} s/4 h，1×10^{-6} s/1 d，3×10^{-3} s/30 d。

2. 时钟信号的传输方式

常用的时钟信号传输的物理连接方式如下。

(1)RS-232/422串口：最常用的设备外接时钟接口。

(2)VME总线：用于工作站的时钟连接。

(3)NTP：用于计算机网络的时钟连接。

(4)PCM：用于时钟信号的远距离传输。

3. 时钟同步的作用

通信系统中时钟同步的作用是，使数字网中所有通信节点设备的时钟频率和相位都控制在预定的容限之内，从而使通过网内各通信节点设备的数字流实现正确、有效地传送与交换。

数字交换机在进行时隙交换时，要求各交换时隙在时间上对准，即要求交换设备与出入中继接口的数据流同步。解决办法为在中继接口中设置缓冲存储器。该存储器以中继传输线路所提取的时钟写入，以交换机时钟读出。由于两者时标的差异，有可能隔一定时间重复读一帧或丢失一帧，称为滑码。滑码造成话音通路杂音和数据通路的误码。

SDH 节点间若同步运行则无指针调节，随着同步性能的降低，指针调节频次增加。频次大到一定程度引起输出数字流的抖动、飘移和误码的超标。

通信系统中时钟同步的基本功能是，准确地将基准时钟的时标信号向网中各通信节点设备传送，从而调节网中的通信节点设备时钟保持与基准时钟的一致。

通常采用主从同步方式，由高精度的上级时钟去同步低精度的下级时钟，使下级时钟的精度与上级时钟接近。

2.2.3 主时钟系统的功能和特点

1. 可靠运行

时钟系统所有设备均能满足 24 h/d 不间断地连续运行。

2. 同步校对

一级母钟设备接收 GPS 标准时间信号进行自动校时，保持与 GPS 时标信号的同步。一级母钟周期性地送出统一的同步脉冲和标准时间信号给其他系统，并通过输出信道统一校准各二级母钟，从而使整个时钟系统长期无累积误差运行。

系统具备降级使用功能。当一级母钟失去 GPS 时标时能独立正常工作；二级母钟在传输通道中断的情况下，能独立正常工作；各子钟在失去外部时钟驱动信号时，也独立正常工作。在降级使用中允许时钟精度下降。

3. 日期、时间显示

一级母钟产生全时标信息，格式为：年、月、日、星期、时、分、秒、毫秒，并能在设备上显示。

一级母钟和二级母钟具有数字式及指针式子钟的多路输出接口。数字式及指针式子钟均应有时、分、秒显示，显示应清晰，数字子钟具备 12 h 和 24 h 两种显示方式的转换功能（亦可选用带日期显示的数字子钟）。子钟安装位置应便于观看。

4. 为其他系统提供标准时间信号

一级母钟设备设有多路标准时间码输出接口，能够在整秒时刻给其他各相关系统提供标准时间信号。

5. 设备冗余

一、二级母钟采用主、备母钟冗余配置，并具有热备功能。当主母钟出现故障时，自动切换到备母钟，由备母钟全面代替主母钟工作。主母钟恢复正常后，备母钟自动切换回主母钟。

6. 系统扩容和升级

系统采用分布式结构方式，可方便地进行扩容。对每个节点二级母钟系统的改动都不会影响整个系统。节点设备扩容时无须更换软件和增加控制模块，只需适当增加接口板便可扩大系统的容量。

7. 可监控性

主要时钟设备应具有自检功能，并可由中心维护检测终端采集检测的结果，实时显示各设备的工作状态和故障状态。系统出现故障时，维护检测终端能够进行声光报警，指示故障部位，对故障状态和时间进行打印和存储记录，并具有集中告警和联网告警功能。

8. 电磁干扰

列车所产生的电磁波会对时钟系统产生干扰，应采取必要的防护措施避免对时钟设备与线缆的电磁干扰。

2.3 通信电源系统

城市轨道交通通信系统的电源系统包括交流配电屏、直流供电系统、不间断电源系统(UPS)和蓄电池组、接地防雷系统，它是整个城市轨道交通通信设备的重要组成部分，是通信设备的"心脏"。通信电源是通信系统各设备正常工作的重要保障，除了要消除电网对通信设备的损害之外，还要保证对设备的供电要求和质量。

2.3.1 电源系统原理及组成

1. 电源系统的组成

通信电源系统主要由UPS、高频开关电源、交流配电屏、蓄电池、电源系统网管设备等组成。其中UPS为交流设备提供不间断电源，高频开关电源为直流设备提供－48V电源，蓄电池可提供后备电源，交流配电屏为各系统设备提供交流电源回路，电源系统网管设备可对全线电源设备进行集中维护管理。

(1)UPS

UPS不间断电源设备主要由整流器、逆变器、自动静态旁路开关和手动旁路开关、蓄电池等组成。在正常供电时，不间断电源设备能起到稳频稳压作用，并向负载供电，同时给蓄电池充电；当停电时，不间断电源设备则通过配备的一组蓄电池经逆变器向负载供电。不间断电源设备具有手/自动旁路功能。当负载发生过载以及逆变器发生损坏的情况下，不间断电源设备将自动无间断地切换到自动旁路继续供应负载；当不间断电源设备内部的电子部件损坏维修时，为了不影响对负载的供电，可人为将不间断电源设备切换到手动旁路。不间断电源设备能显示工作状态和报警状态，并能提供本地及与数据采集设备的通信接口。

(2)高频开关

高频开关电源主要由交流配电单元、整流模块、直流配电单元、监控模块等组成。正常供电时,高频开关电源将交流电经过整流输出－48 V直流电至各通信设备。

(3)交流配电屏

交流配电屏主要由交流一次配电单元、二次配电单元、监控单元、防雷等组成。正常情况下,将动照专业提供的交流电源分配给UPS,经UPS双变换后将UPS输出的交流电源分配给各系统设备。

(4)蓄电池

蓄电池分为阀控式(密封)铅酸蓄电池和开口排气式(富液式)两种蓄电池,当轨道交通市电发生异常时,电源系统会自动切到电池为通信各系统供电,确保城市轨道交通通信系统供电正常。

(5)网管设备

电源系统网管设备主要由台式机、打印机、后台软件、便携机组成,可在控制中心对全线电源设备进行管理。

2. 电源系统组网架构

电源系统为不间断供电系统,按照一级符合供电,两路独立的三相交流电源经过交流切换箱(动照专业提供)后接入UPS,经UPS输出的交流电源经交流配电屏分路后,分配给各交流供电的设备和高频开关电源,高频开关电源输出的－48 V电源分路后分配给需要直流供电的通信设备。

根据不间断电源系统在车站组网工作原理架构可分别为并机工作原理(图2.5)和单机工作原理(图2.6)。

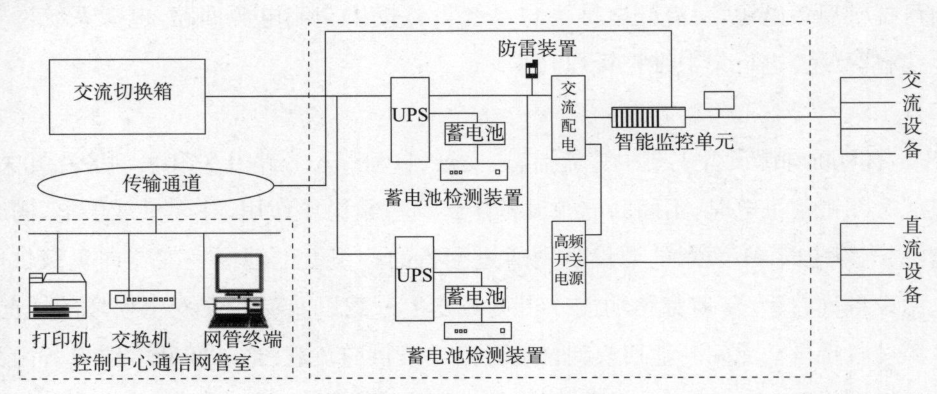

图2.5　并机工作原理

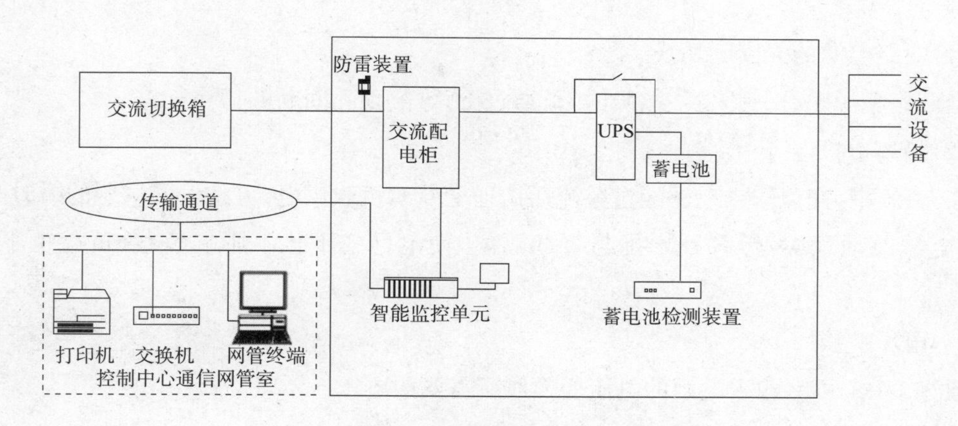

图 2.6　单机工作原理

电源系统在控制中心设置电源系统网管设备,全线各站点内电源设备运行信息通过传输通道上传至控制中心集中管理,根据控制中心监控不间断电源系统组。

2.3.2　电源系统与其他系统接口

1. 传输系统接口配置

电源系统网管设备与传输系统接口为以太网接口,接口类型为 RJ-45,将全线各车站、车辆段、控制中心的交流配电屏监控单元接至输出通道,将本站内电源设备运行信息上传至控制中心电源系统网管设备。

2. 时钟系统接口配置

电源系统网管设备与时钟系统接口为以太网接口,接口类型为 RS-422,可接受标准时钟信号,并可向集中告警系统提供告警信息。

3. 内部设备接口配置

电源系统网管设备对控制中心、车辆段、车站的 UPS、高频开关电源、交流配电屏以及蓄电池进行集中管理,可实时监测系统和设备运行状态,记录和处理相关数据,及时发现故障,实现对 UPS 设备、交流配电屏、高频开关电源的工作状态及蓄电池组充放电情况的监测和管理。

4. 外部设备接口配置

电源系统车站设备与城市轨道交通通信各子系统存在接口,接口类型为电源接口,为通信各子系统供电。

2.3.3　电源系统功能

1. UPS 功能

UPS 的主要功能包括两路电源无间断切换、隔离干扰、电压变换、频率变换和后备等。

(1)两路电源的无间断切换

当两路电源中有一路发生故障时,可通过 UPS 实现无间断的切换。

(2)隔离干扰

在 UPS 中,交流输入电源经过整流后由逆变器对负载供电,可将电网电压的瞬时间断、谐波、电压波动、噪声等各种干扰与负载隔离,使电网的干扰不影响负载,负载也不干扰电网。

(3)电压变换

通过 UPS,可将输入电源的电压变换成所需要的电压。

(4)频率变换

通过 UPS,可将输入电源的频率变换成所需要的频率。

(5)后备

UPS 中的蓄电池组储存一定电能,市电间断时,蓄电池组通过逆变器继续供电。

2. 高频开关电源功能

高频开关电源设备可向传输设备、无线交换机等直流负载提供直流电源。

3. 配电屏功能

UPS 将动照专业切换后的一路交流电源分配给交流配电屏输入端(经过 UPS 自身双变换后输出纯净的交流电源至交流配电屏输入配电单元),由交流配电屏输出配电单元对各系统进行交流电源的分配。

交流配电屏的输入端配置断路器,并且断路器容量综合电源系统具体情况考虑,以确保对上游电网的保护。交流配电屏一次配电单元配置断路器,断路器容量按照 UPS 容量考虑,确保对 UPS 的保护,并且考虑 UPS 整机维护时设置外部维修旁路。交流配电屏二次配电单元按照各系统设备功耗进行断路器配置,最大限度地保护交流配电柜下游设备。

(1)分配 UPS 输出电源

交流配电屏将 UPS 输出的 380 V 三相电分配给相关系统,交流配电屏暂回路数待设计联络阶段确定。设计联络阶段根据各系统设备功耗完成配电柜的设计,并考虑输出三相平衡。

交流配电屏上可显示系统负载电压、电流等情况,并具备本地及与数据采集设备的通信接口。

(2)分配电池后备时间

外供电源故障时,交流配电屏将根据各系统的后备供电时间进行分时断电,各输出回路达到设计后备时间时,由智能配电柜自动断开该回路的输出。

配电柜采用 PLC 控制的电池后备分时断电设计,实现全自动工作模式及全自动的分时断电。

4. 蓄电池功能

为后端负载提供不间断储能装置，在市电断电或故障的情况下，UPS 通过蓄电池继续为后端负载提供不间断交流供电，根据分时下点需求，配置一定容量的蓄电池，用以满足招标文件各个系统的后备时间。

蓄电池一般都配备有一套蓄电池在线监测系统。该系统包括：在线自动监测单只蓄电池的剩余容量、内阻、电压、电流、环境温度数据。数据采集快速准确，可记录蓄电池充放电过程全时段的变化，保证对蓄电池性能的准确判别。

蓄电池在线监测系统具备激活蓄电池的能力，有效延长蓄电池的使用寿命。同时具备多种故障报警功能：内阻超限、电压超限、电池内部温度超限等，报警阈值自由（当地）设定。并可以自动存储报警信息及单体、整组电池内阻、电压、充放电电流、电池内部温度、剩余容量等。

蓄电池在线监测系统具有自检功能，当系统出现故障时，除给出故障信号报警提示外，不影响后备电源系统的正常运行，保证系统的可靠性。搭配完善的计算机监控管理软件，需具有强大的数据处理功能，采用先进的蓄电池专家诊断数学模型，对蓄电池的多项测量结果进行综合计算分析，准确判别蓄电池性能。具备实时数据查询功能、历史数据查询功能、报警数据查询功能、运行参数设置功能等。用户可自由设定月报、季报、年报时间间隔。输出报表格式包括：数据表格方式（分类显示电压、内阻）、曲线方式、柱状图方式等。

2.4　无线通信系统

无线通信系统由专用无线、消防无线和公安无线三部分组成。专用无线是高速行驶的城轨列车与行车调度系统之间唯一的通信方式，承担着保障城轨列车正常运行、城轨系统安全运营及乘客生命的重要责任。消防无线是消防队在火场救火抢险的主要通信手段，地铁内部的消防无线信号的覆盖充分满足了消防队在地铁下救火抢险的需要。公安无线为公安部门在地铁内的值勤、巡逻以及突发事件的处理提供通信保障。

2.4.1　无线系统的组成

1. 无线集群系统设备

（1）基站

基站由无线电收发信机、控制单元、天线共用器、天馈系统和电源等设备组成。

基站即无线通信基站，是指在一定的无线信号覆盖区中，通过无线通信交换中心，与移动电话终端之间进行信息传递的无线电收发信电台。无线通信基站的建设是城轨专用无线系统投资的重要部分，无线通信基站的建设一般都是围绕覆盖面、通话质量、维护方便等要素进行。

(2)直放站

光纤直放站是数字集群移动通信网络中一种主要的网络优化设备,可以有效弥补通信网络中基站覆盖的不足。可广泛用于停车场、地铁、隧道等基站信号无法到达的信号盲区、弱区,同时对于消除城市因受高楼大厦影响而产生的室外局部信号阴影区也具有相当好的覆盖效果,在基站信道资源充足的情况下,直放站的加入既满足了较大范围的无线信号覆盖,也大大降低了城轨无线系统的总体造价。

光纤直放站由近端机、远端机组成。其中近端机由电源单元、光收发单元、光分路器单元、射频接口单元和监控单元等组成;远端机由电源单元、双工单元、功放单元、光收发单元、监控单元等组成。整机上、下行具有 30 dB 人工增益控制和 20 dB 自动电平控制,实现功率恒定输出,避免干扰基站。

(3)移动台

移动台用于运行中或停留在某未定地点进行通信的用户台,它包括车载台、便携台的手持台,由无线电收发信机、控制单元、天馈线系统(或双工器)和电源组成。

(4)调度台

调度台是能对移动台进行指挥、调度和管理的设备,分有线和无线两种。无线调度台由无线电收发信机、控制单元、天馈线系统(或双工器)、电源和操作台组成,有线调度台只有操作台。

(5)控制中心

控制中心包括系统控制器、系统管理终端和电源等设备,它主要控制和管理整个集群系统的运行、交换和接续,由接口电源、交换矩阵、集群控制逻辑电路、有线接口电路、监控系统、电源和微机组成。

(6)天线

天线是发射和接收电磁波的一个重要的无线电设备。无线电发射机输出的射频信号功率,通过馈线(电缆)输送到天线,由天线以电磁波形式辐射出去,电磁波到达接收地点后,由天线接下来(只接收很小一部分功率),并通过馈线送到无线电接收机。

2. 无线系统网络的总体架构

下面以温州 S1 线网络架构为例对无线系统的结构进行说明,图 2.7 为温州 S1 线 TD-LTE 应用网络架构图。

除了传输、电源接地基础系统外,整个应用系统依场所设置分为三个子系统,分别为控制中心子系统、车站/车辆段子系统、车载子系统。

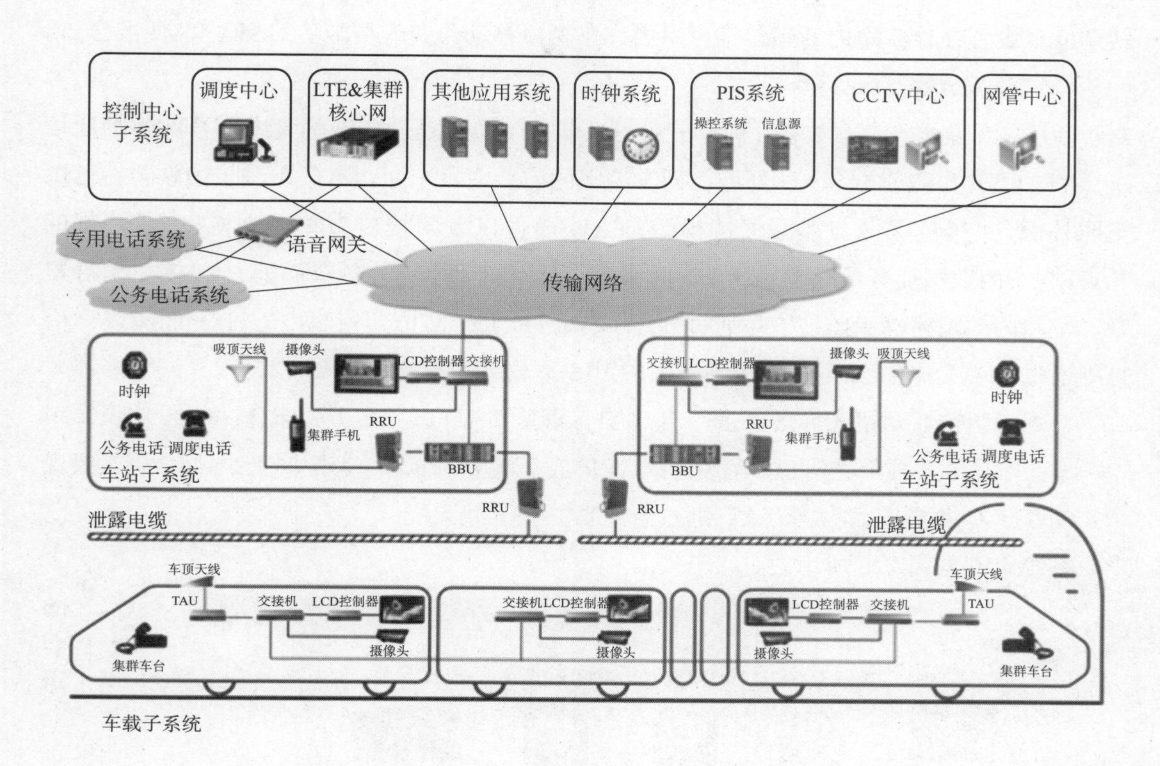

图 2.7　温州 S1 线 TD-LTE 应用网络架构图

（1）控制中心子系统

控制中心子系统放置各专用系统的中心设备，由 GoTa 4G 核心网（含 TD-LTE 核心网 EPC 和集群业务服务器 DSS）、网络管理系统（含网管终端及打印机等）、CCTV 和 PIS 等业务应用服务器、调度服务器、二次开发网管及 TD-LTE 基站设备等组成。TD-LTE 基站设备用以实现控制中心的室内覆盖。

GoTa 4G 核心网采用小型化 11U 高度的 19 英寸设备。其中 TD-LTE 核心网 EPC 向上和各类业务控制平台 CCTV 中心、PIS 系统等连接。集群业务服务器 DSS 则提供专业的无线集群调度业务。

在控制中心调度大厅设置 S1 线行车调度、防灾调度、维修调度台及录音设备等。

（2）车站/车辆段子系统

车站子系统主要放置 TD-LTE 基站设备，包括 BBU、RRU，基站设备可以实现本车站的站内覆盖，也可以通过漏泄同轴电缆对线路区间进行覆盖，并通过 RRU 实现拉远覆盖。沿线各车站值班员处设置车站 GoTa 4G 固定电台。移动作业人员配备 GoTa 4G 便携台。

车辆段通信机房内设 BBU，在机房楼顶设置天线杆塔，RRU 设备和天线均安装于杆塔上，对于封闭空间等弱场区需增加 RRU 进行覆盖。车辆段行车调度台设置在信号楼内，运转调度台设置在检修库内的运转排班室内。车辆段移动作业人员配备 GoTa 4G 便携台。

(3)车载子系统

GoTa 4G 集群车载台放置在列车前后司机车厢,为司机提供专业的无线集群调度通信。

TD-LTE 车载终端 TAU 部署在列车编组的前后司机车厢,TAU 车载天线安装在司机车厢外侧,并尽量保证与泄漏保持视距,TAU 通过以太网接口与车内交换机连接,实现 TAU 与车内数据业务的信息交互;车内采用以太网环形组网,各车厢通过车载交换机互联。车厢内的闭路电视监控信号通过 TAU 经 LTE 上行回传到控制中心,PIS 的流媒体信息则通过 TAU 经 LTE 下行传送到车内的 PIS 车载服务器上。

单列编组前后司机车厢各部署一套 TAU,两套 TAU 以主备方式工作。

车头车尾的车顶部署两套鲨鱼鳍天线,车体底部侧面各部署一套定向天线,共 8 副天线。

GoTa 4G 集群车载台与 TAU 通过合路器共用车载天线。

系统组网如图 2.8 所示。

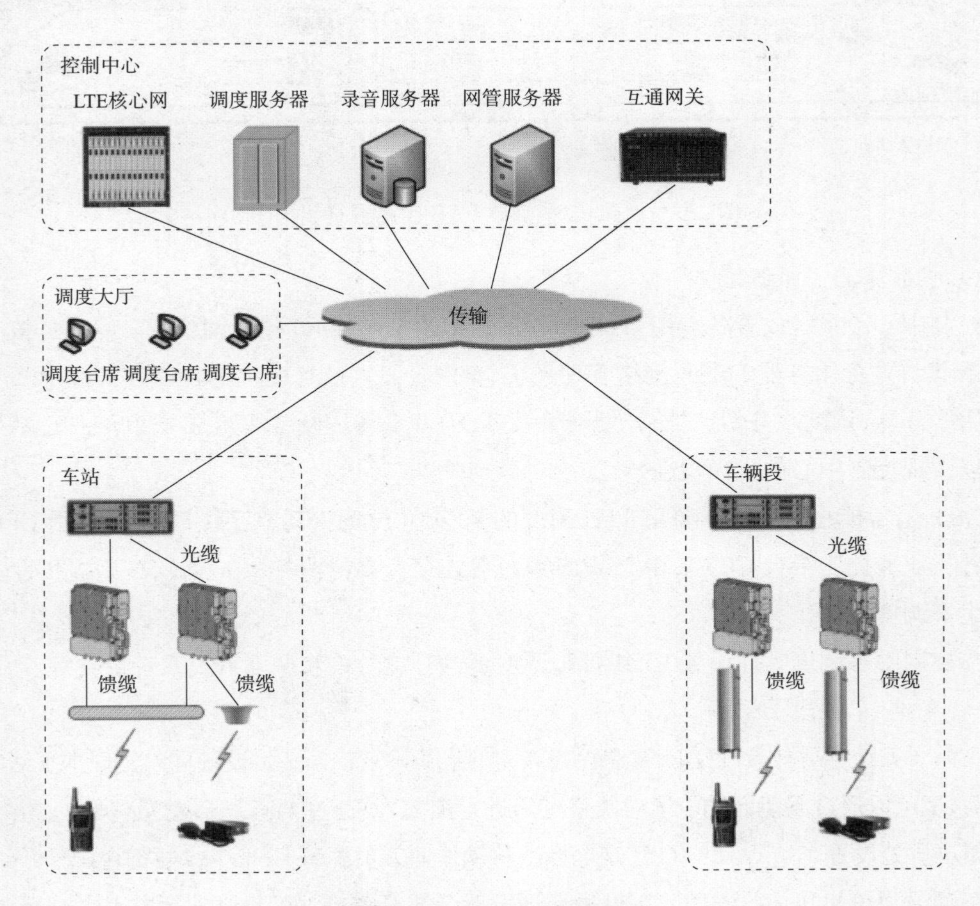

图 2.8 系统组网图

2.4.2　无线系统的接口

对于无线通信子系统来说，所涉及的接口分为外部接口和内部接口。

1. 外部接口

(1)与土建接口：核心网和基站BBU采用机架安装，RRU采用挂墙和抱杆安装。

(2)与车辆接口：每个车载电台需1路DC 110 V电源。车辆制造厂商提供车载电台及外置天线的安装位置。车载电台与车载广播接口为音频和数据方式。

(3)与信号ATS接口：ATS系统提供接口。接口方式暂定为RS-422接口，接口位置在控制中心信号设备室内。

2. 内部接口

(1)与传输系统的接口

GoTa 4G核心网、eNodeB基站和传输系统之间的接口，为GE/FE以太网接口，传输速率按照一个小区20 Mb/s全双工速率考虑。

BBU与传输接口采用GE光口，核心网与传输网络接口采用2路GE光口。核心网和传输同时接入PIS核心交换机。

(2)与时钟系统的接口

时钟系统为专用无线通信系统提供标准的时间信息，用于同步专用无线通信系统各调度设备时间，接口方式为以太网接口。

(3)与公务电话的接口

如果公务电话采用软交换系统，则GoTa 4G和软交换系统的接口为以太网接口，支持SIP协议实现互通。如果公务电话采用电路接口，则采用E1(2M)接口。在设计联络阶段与公务电话供货商协商确定。

(4)与CCTV系统和乘客信息(PIS)系统的接口

GoTa 4G系统通过百兆以太网接口与CCTV系统和乘客信息(PIS)系统连接。

(5)与电源接口

核心网设备需要一个电源接口，每个基站也需要一个独立的电源接口，RRU远供的电源在BBU处提供。

(6)与集中告警接口

GoTa 4G系统与集中告警系统之间采用以太网接口。

2.4.3　城市轨道交通无线集群通信系统功能

1. 通话功能

无线通信系统的通话功能就是在各无线用户之间实现相互通话。城市轨道交通无线通信系统的用户一般包括：

(1)控制中心行车调度员、沿线各站的车站值班员和外勤工作人员、运行线路上的列车司机；

(2)控制中心环控调度员、外勤环控人员；

(3)控制中心维修调度员、外勤维修人员；

(4)车辆段调度员、信号楼值班员、调车员、列检值班员、车辆段内列车司机、列检员及车辆段外勤工作人员等。

2. 数据通信功能

无线通信系统的数据通信功能包括短信息通信、状态信息提示以及与外部接口的数据通信和传输。短信息通信是指在各无线用户之间提供互发短信息的服务，短信息可以是预定义或者是现场编辑的；状态信息提示是指系统对各功能部件进行监控并以文本信息的方式显示；与外部接口的数据通信和传输是指通过与外部系统的接口开发，无线通信系统可以与外部系统进行数据通信(如与信号自动驾驶系统间的报文通信)，或者为外部系统提供数据的无线传输通道(如为主控系统上传车辆状态信息)。

3. 编组功能

无线集群系统是为整个城市轨道交通运营的多个生产和管理部门服务的。为保证各部门工作中相互联系的通畅，尽量减少无关部门之间的影响，要求系统分组必须具有科学性、有效性和简洁性。系统编程员不仅要熟悉系统功能、性能，还要清楚了解城市轨道交通本身内部的组织架构，掌握各个部门工作性质、范围以及各个接口对象，以便构思出一张清晰明了的分组编码网。

无线数字集群系统的编组功能很强，个人身份识别码和组识别码之间并没有固定的对应关系，可以灵活地在系统管理终端上进行编组。根据个人用户所在的部门及其功能，可将相互之间需要通信的用户编入不同的通话组和通话小组，同时还可以将每个用户编入多个嵌套的通话组。

城市轨道交通无线通信系统是一个调度指挥系统，以组呼通信为主要方式，一般包括行车调度通话组、车辆段通话组、维修通话组、环控通话组等若干用户组。

4. 录音功能

每个调度台的音频接口单元都具备录音接口，位于控制中心的多通道数字录音机可以记录所有调度员的通话信息，并且具备各种查询功能。

为了保证录音机记录信息的时间准确性，数字录音机具备与城市轨道交通时钟子系统保持时间同步的功能。

5. 广播功能

根据城市轨道交通运营的特点和需求，系统增加了辅助性的功能，如列车广播功能。

列车调度员可对其管辖范围内的单独一个列车车厢内的旅客进行广播。

列车调度员也可对其管辖范围内的所有列车车厢内的旅客进行广播。

列车调度员向车厢旅客广播的接口是采用自动接续的，首先控制中心调度员或车辆段调度员通过无线调度台发出对旅客列车广播命令，车载台接收到广播命令后将启动相应列车的车厢广播系统，并自动把车载台语音通道与列车车厢广播通道连接起来，同时向调度台反馈广播接通信息，随后调度台也将自动接通到车载台的话音通道，从而实现调度员对车厢旅客广播的功能。

6. 系统服务功能

系统服务功能是指系统为高质量完成业务而提供的一些技术手段，这些服务功能不能单独使用，仅用来支持和完善系统业务(如语音和数据业务)的实现。具体包括遇忙排队及回呼、排队优先级、新近用户优先、动态站分配、有效站点、关键站点分配、通话方识别、滞后加入、优先监视、动态重组等。

7. 紧急呼叫

紧急呼叫是一种在紧急情况下的特殊呼叫方式，具有最高呼叫优先级，用于在最短时间内、以最便捷的方式将信息通报给预先指定的用户或者群组。紧急呼叫通过按终端的紧急呼叫键发起或者调度员发起。紧急呼叫面向所有合法授权用户。紧急呼叫占用的系统资源和其他集群呼叫相同。但是紧急呼叫的业务优先级在所有的业务中是最高的，系统优先保证紧急呼叫获得系统资源，必要时可以抢占其他呼叫的系统资源。

紧急呼叫发起的同时，系统将自动向调度台和被叫发送告警提示信息。

紧急呼叫通过终端一键触发(特殊键)。不同于其他普通 PTT 呼叫，紧急呼叫一经发起，起呼者无须再按住键。

在紧急呼叫建立成功后，起呼者将获得 30 s(可配置)的通话权，在这段时间内，其他用户，即使优先级更高，也不能抢夺话权。这也是和其他普通 PTT 呼叫不同的地方。

2.5　有线电话系统

有线电话是通过送话器把声音换成相应的电信号，用导电线把电信号传送到远离说话人的地方，然后再通过受话器将这一电信号还原为原来的声音的一种通信设备。它具备通话性能好、使用方便、费用低廉等优点。

有线电话分为专用电话和公务电话。本章节以温州 S1 线专用电话和公务电话子系统为例，根据工程运营、管理的要求，讲解专用电话和公务电话系统的组成、原理和功能。

2.5.1 专用电话系统组成

1. 控制中心专用电话设备

控制中心专用电话设备由主用主系统设备、调度操作台、调度电话分机、网管服务器、本地设备维护管理终端、集中录音设备及集中录音设备网管等组成。

(1)在控制中心调度大厅的两个行车调度员、电力系统调度员、环控(防灾)系统调度员、总调调度员处各设置一台调度操作台;各操作台通过专用接口接入控制中心主用主系统设备。

(2)调度电话分机设置在相关管理用房内。

(3)控制中心专用电话交换机的机柜卡板布置如图 2.9 所示。

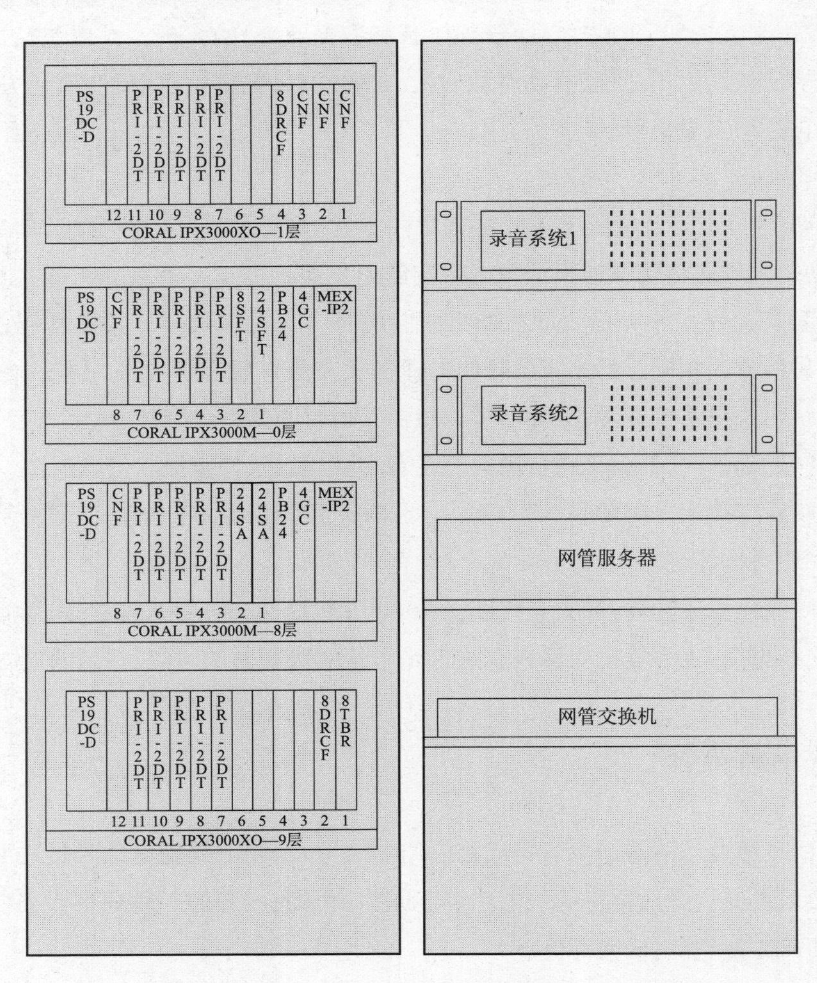

图 2.9　控制中心专用电话交换机的机柜卡板布置

2. 车辆段专用电话设备

车辆段专用电话设备由备用主系统设备(平时可作为分系统使用)、值班员操作台、专用电话分机、集中录音设备等组成。

(1)备用主系统设备及集中录音设备设于车辆段通信设备室。

(2)车辆段值班室:行调值班员处设置值班操作台一台、环控(防灾)专用电话分机一台。

(3)车辆段检修调度室:设置调度操作台一台。

(4)停车库运转值班室:设置专用电话分机一台。

(5)供电控制室:设置专用电话分机一部。

(6)车辆段专用电话交换机的机柜卡板布置如图 2.10 所示。

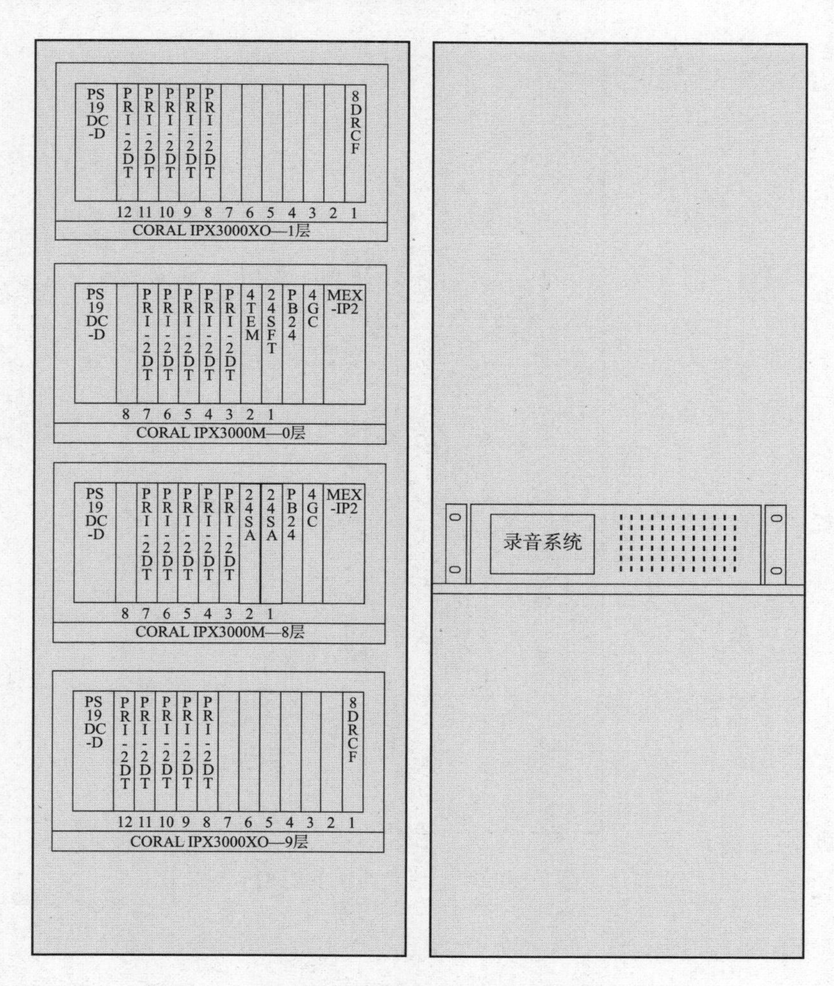

图 2.10　车辆段专用电话交换机的机柜卡板布置

3. 停车场专用电话设备

停车场专用电话设备由分系统设备、值班员操作台、专用电话分机、集中录音设备等组成。

(1)分系统设备及集中录音设备设于车辆段通信设备室。

(2)停车场值班室:行调值班员处设置值班操作台一台、环控(防灾)专用电话分机一台。

(3)停车场检修调度室:设置调度操作台一台。

(4)停车库运转值班室:设置专用电话分机一台。

(5)供电控制室:设置专用电话分机 1 台。

(6)停车场专用电话交换机的机柜卡板布置如图 2.11 所示。

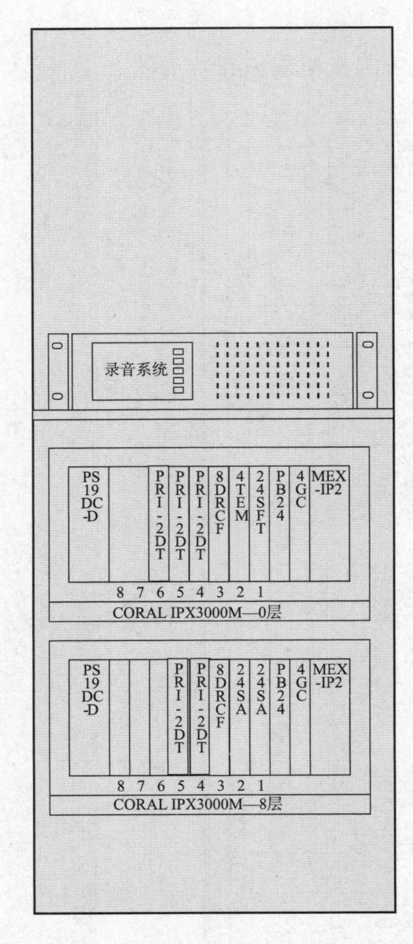

图 2.11　停车场专用电话交换机的机柜卡板布置

4. 车站专用电话设备

车站专用电话设备由分系统设备、值班员操作台、专用电话分机、集中录音设备等组成。

(1)分系统设备及集中录音设备设于车站通信设备室。

(2)车站控制室:设置值班操作台一台、环控(防灾)专用电话分机一部、行车调度专用电话分机一部。

(3)车站供电控制室:设置电力调度专用电话分机一部。

(4)主变电站供电控制室:设置电力调度专用电话分机、环控(防灾)专用电话分机各一部。

(5)上下行站台前端:分别设专用电话分机一部,可与本站值班员进行电话联系。

(6)垂直电梯:每个垂直电梯内设站内直通专用电话分机一部(话机由电梯专业提供,通信专业仅负责线缆敷设,2～3部/站),可与本站值班员进行电话联系。

(7)在AFC票务室、客服中心、站长室、(站务员)值班室、交接班室兼会议室、警务室、屏蔽门(安全门)设备及管理室、车站供电控制室、屏蔽门PSL等处所设置站内直通专用电话分机各一部。

(8)紧急电话:通常安装在站台,暂按每侧站台设置两部考虑,可直通车站值班员等。

(9)车站专用电话交换机的机柜卡板布置如图2.12所示。

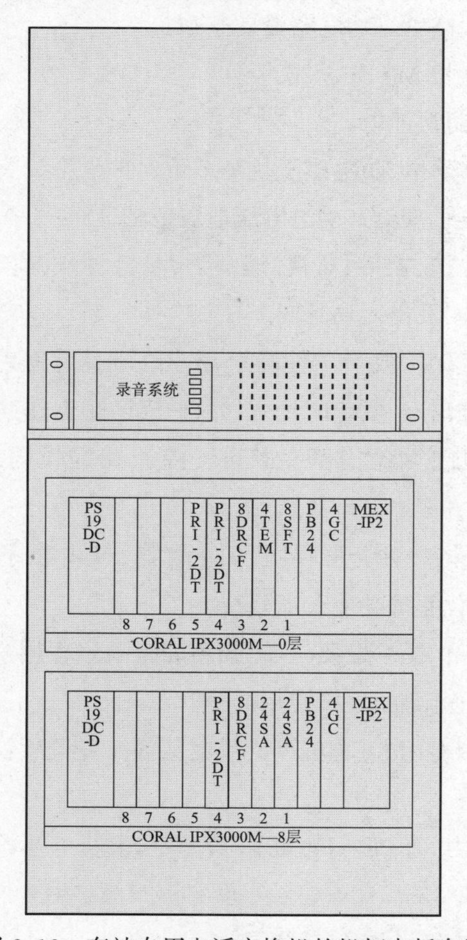

图2.12　车站专用电话交换机的机柜卡板布置

2.5.2 专用电话系统总体功能

电话系统无论其硬件、软件、终端设备都有着相同的结构，专用电话卡板在整个调度交换系统范围内均可互换。系统采用通用插槽设计，卡板物理位置可任意确认，并支持带电插拔；机架采用底部安装，可上下自由进出线，具有良好的通风、防尘、防振、防腐、防静电和防电磁干扰功能。

1. 交换功能

(1)全机采用集中加分散的双重控制方式工作。

(2)主控系统双机、双网，冗余备份保护。

(3)采用1 024×1 024无阻塞交换矩阵。

(4)所有公共服务卡、二次电源均采用分摊互助热备份保护。

(5)数据多重保护，系统掉电数据不丢失。

(6)低功耗、超富裕度、高可靠的电路设计原则。

(7)平均无故障工作时长MTBF≥20年。

(8)强大的过流、过压防护能力。

(9)采用防鼠、防尘、防静电、防电磁干扰等多重保护措施。

(10)具有很宽的环境适应能力，供电电压适应范围：DC －40 V～DC －58 V。

(11)具备馈电、过压保护、振铃、监视、编解码、混合、测试基本用户功能(BORSCHT)，系统支持话机用户内部呼叫及出入局呼叫。

(12)交换系统所有调度台、数字、模拟、IP用户终端具有完善的常规用户功能，包括呼叫转移、代答、夜服切换、呼出限制、定时提醒、立即热线、延迟热线等。

(13)支持缩位拨号功能。缩位号码位长可支持1～8位拨码，51位拨码内容，各用户可有独立和公共的缩位拨号方案。

(14)内部呼叫可以支持多种分群呼叫，如主管群、寻线群、代答群等，实现群组同时振铃、群组依次振铃、群组内代答等功能。

(15)最大可设置250个服务等级，不同服务等级限制各用户、中继端口的功能设置权限、中继占用权限、各种长途限制、虚拟专用群等。

(16)可划分64个虚拟专用端口群，可灵活定义各专业调度群的分机、中继端口相互呼叫和隔离权限。

(17)有ISDN交换能力，有2B＋D、30B＋D数字接口。

2. 对外接口

(1)2M BPS E1数字中继A接口。

(2)ISDN 30B+D PRI 中继接口。

(3)SS7 中继接口。

(4)ISDN 2B+D BRI 中继接口。

(5)2/4W E&M 中继接口。

(6)2 线环路中继(FXO、FXS)接口。

(7)接入网模块光纤接口。

(8)IP 中继接口、IP 网关接口和 SIP 中继接口。

3. 汇接交换能力

汇接二百个以上的局向,拥有直达路由、迂回路由自动连选及多路由保护功能。可实现全 IP 组网及宽带、窄带混合组网,IP 电话、普通电话互连互通。具有灵活的编号方案和多样化的组网配置;强大的入局号码过滤、选择处理能力;灵活方便的拨号通用和专用数据库;灵活的一键到位及热线功能;分机来电显示功能。

2.5.3　专用电话系统用户终端功能

1. 专用电话交换机具有以下常规用户终端功能,见表 2.2。

表 2.2　专用电话交换机常规用户终端功能

来电显示	免提通话	免　打　扰
呼叫保持	呼叫转接	呼叫等待
音乐等待	音乐保持	时段转移(夜间服务)
呼叫转移	遇忙转移	无应答转移
呼叫关联(ELA)	呼叫驻留	呼叫跟随
立即热线	延迟热线	预约回叫(忙线、无应答)
静默监听	防止静默监听	号码重拨(内线、外线)
强插通话	强拆通话	防止强插
用户代答	群代答	强拆
主管群	寻线群	内部专用群
自动呼叫排队分配(ACD)	公共缩位拨号	私有缩位拨号
主从服务等级	密码切换服务等级	电话加密
呼出限制	出入局号码过滤器	路由自动迂回
话机呼入/呼出闭锁	闹钟服务	追查恶意呼叫
三方通话	遇我电话会议	临时会议
固定会议群呼	会议增删成员	入住/退房房态指示
系统留言	留言指示	

2. 调度操作台功能

(1)调度员操作台采用按键式结构。调度台方便按键标签的存放。调度员选叫车站(段)

值班员时应能单呼、组呼、全呼。一键到位,操作简单,使用方便。呼出接通时有回铃音。

(2)调度员操作台上配置功能键、选呼键、组呼键、全呼键、液晶显示屏等,以上各键配相应发光管以指示其工作状态。

(3)调度员操作台能提供两套独立的通话方式:主话路(内置麦克和喇叭,称为免提式)和副话路(即手柄)。调度员操作台主话路具有自动静噪及防振鸣功能。

(4)调度操作台上均配置外接话筒插孔,用于外接定向话筒。当不用外接话筒时可转换至内置麦克。

(5)行调及电调操作台采用全双工+强制键的通话方式(包括脚踏控制键和手动控制键,行车调度员为脚踏键)。强制键的通话方式为:当中心调度员需要向各站值班员发布调度命令时可按下强制键,此时中心调度员处于送话状态。松开强制键,各站、场/段值班员听不到中心调度员的讲话。

(6)各调度台具有台间联系的功能。

(7)车站(段)值班员呼叫中心调度员时能进行一般呼叫和紧急呼叫。呼入接通时有回铃音。

(8)车站(段)值班员呼叫中心调度员时,中心调度员的控制台振铃并能按顺序显示呼叫分系统(分机)号码及用户名。

(9)用户呼叫正在通话的调度台时,调度台可显示该呼入的用户号,并具有回叫功能。对紧急呼叫与正常呼叫在显示及铃声上有区分。

(10)调度分机呼叫调度台,按热线功能连接,响应迅速。

(11)同一个调度电话系统内各调度分机间不允许通话,也不允许和其他调度电话系统的调度操作台所辖调度分机联系。

(12)中心调度可同时召开4个会议(4个30方),具备调度台一键召集固定成员电话会议和实时召集不同成员的临时会议的能力。会议进行中,中心调度员可随时增加和删除会议成员,并控制成员的发言权。其中行调调度员在会议进行中,增加和删除会议成员应一键完成。

(13)调度操作台配置为双手柄,每个手柄都配置了1个扩展模块,故共配置了(26+40)×2=132个可编程按键。

(14)调度操作台具备多种振铃方式,并可通过不同铃声区分不同呼入状态(紧急呼入、一般呼入)及不同调度台(如行调、电调、防灾调等)。操作台在呼入时有闪灯提示,摘机后可根据不同呼入状态(紧急呼入、一般呼入)提供不同状态指示灯提示。

3. 值班操作台功能

(1)车站值班员与本站相关人员之间的直通通话。

(2)车站、车辆段值班员操作台有三个使用功能:与站内、段内、场内直通用户通话;根据具体需求与各车站值班员(设直通键)通话;作为行车调度分机。

(3)车站值班台采用按键式结构,具有单呼、组呼和全呼通话功能。一键到位,操作简单,使用方便。

(4)值班员操作台配置有功能键、选叫键、组呼键、液晶显示屏。以上各键应配相应发光管以指示其工作状态。

(5)值班员操作台均配置了 1 个扩展模块,即共有 26+40=66 个可编程按键。

(6)站、段电话分机可直接呼叫本站、段值班台。

(7)站间电话可直接呼叫上行或下行车站值班员(即呼即通功能)。

(8)站间电话具有紧急呼叫邻站及邻站呼入显示功能。

(9)站间电话不得出现占线(优先级高于站内直通电话)或通道被其他用户占用等情况。站间电话有强插功能。

4. 调度电话功能

专用电话在控制中心、车辆段、车站内设置调度及站间、站内电话终端,主要功能如下。

(1)控制中心各调度员呼叫各站(段)值班员时可单呼、组呼、全呼。

(2)车站和车辆段值班员呼叫中心调度员时能进行一般呼叫和紧急呼叫:一般呼叫时,中心操作调度台能按顺序在相应的用户键上有指示灯显示,并有振铃;紧急呼叫时,中心调度操作台上有不同于一般呼叫时指示灯的醒目显示,并具有与一般呼叫不同的振铃。

(3)控制中心各调度员能通过值班台与各站(段)相应值班员(分机)直接通话。

(4)控制中心各调度员之间能通过值班台直接通话。

(5)控制中心值班主任能通过值班台与各调度员直接通话。

(6)调度电话分机之间不允许通话。

(7)DCC 厂调、信号楼、行调各调度台能实现直接通话。

(8)车站、车辆段内电话分机能直接呼叫本站、段内值班台。呼叫方式可根据需要灵活设为:拨号、立即热线、延迟热线、自动进入会议等模式。

(9)站间电话能直接呼叫上行或下行车站值班员(即呼即通功能)。呼叫方式可根据需要灵活设为:拨号、立即热线、延迟热线、自动会议等模式。

(10)站间电话具有紧急呼叫邻站及邻站呼入显示功能。紧急呼叫时,振铃和灯光均不同于普通呼叫。被叫及通话时,值班台上对应邻站的按键指示灯发亮指示。

(11)站间电话不能越站呼叫,详细权限、通话对象均可通过 CORAL 程控电话交换机灵活设置。

(12)站间电话不出现占线(优先级高于站内直通电话)或通道被其他用户占用等情况。

站间电话使用专用通道确保无阻塞，通过参数设置实现站间电话无忙音。

(13)站间电话功能由值班操作台实现。

5. 车辆段广播扩音功能

专用电话系统与广播系统的接口为音频接口，分界点在车辆段专用电话设备端口处，实现现场人员通过专用电话系统进行现场广播。

(1)接口用途：用以实现专用电话系统终端通过广播系统进行广播。

(2)接口位置：车站信号楼通信设备室综合配线架。

(3)接口类型：广播扩音接口音频输出阻抗 600 Ω，输出电平：−4 dB～+4 dB 可调。一般建议采用−4 dB。广播扩音接口的干接点控制线的最大负荷能力为：100 mA/100 V。建议降额使用在 48 V 以下，通过接点的电流不大于 20 mA。

需要注意的是，系统广播扩音接口的干接点控制线不具备功率驱动能力，不能用来直接驱动负载。交换机可配置多路广播接口与广播系统连接，每路广播接口在交换机系统内有唯一的识别号码，电话终端通过呼叫接口识别号码连接到不同的广播接口，实现分区域广播。

2.5.4 公务电话系统总组网架构

1. 公务电话系统网络架构

温州 S1 线公务电话系统按两级结构进行组网，采用中心交换节点＋接入节点方案，如图 2.13 所示。中心交换节点作为温州 S1 线公务电话系统交换中心，按照主备方式设置，分别设置在控制中心和车辆段；接入节点设置在控制中心、停车场和本线各车站。

2. 中心交换节点

(1)在控制中心设置一套主用软交换控制设备 ZXSS10 SS1b，在桐岭车辆段设置一套备用 ZXSS10 SS1b，互为主备，在主用 ZXSS10 SS1b 故障时，可通过自动或手动的方式将业务切换到备用 ZXSS10 SS1b 上。

(2)在控制中心新设一套计费系统，实现对公务电话用户的集中计费管理。

(3)在控制中心新设一套 NetNumen™ U31 网管，对本线及后续线路设置的公务电话系统设备进行集中维护管理。

3. 接入节点

(1)控制中心设置一套媒体网关 ZXMSG 9000 MT64，用于与市话网的互联互通。

(2)在控制中心设置一套综合接入网关 ZXMSG 5200，用于控制中心范围的公务通信，容量为 2 000 个用户。另外通过以太网交换机接入 150 线 IP 电话。

(3)在车辆段设置一套综合接入网关 ZXMSG 5200，用于灵昆车辆段范围的公务通信，容量为 800 个用户。另外通过以太网交换机接入 48 线 IP 电话。

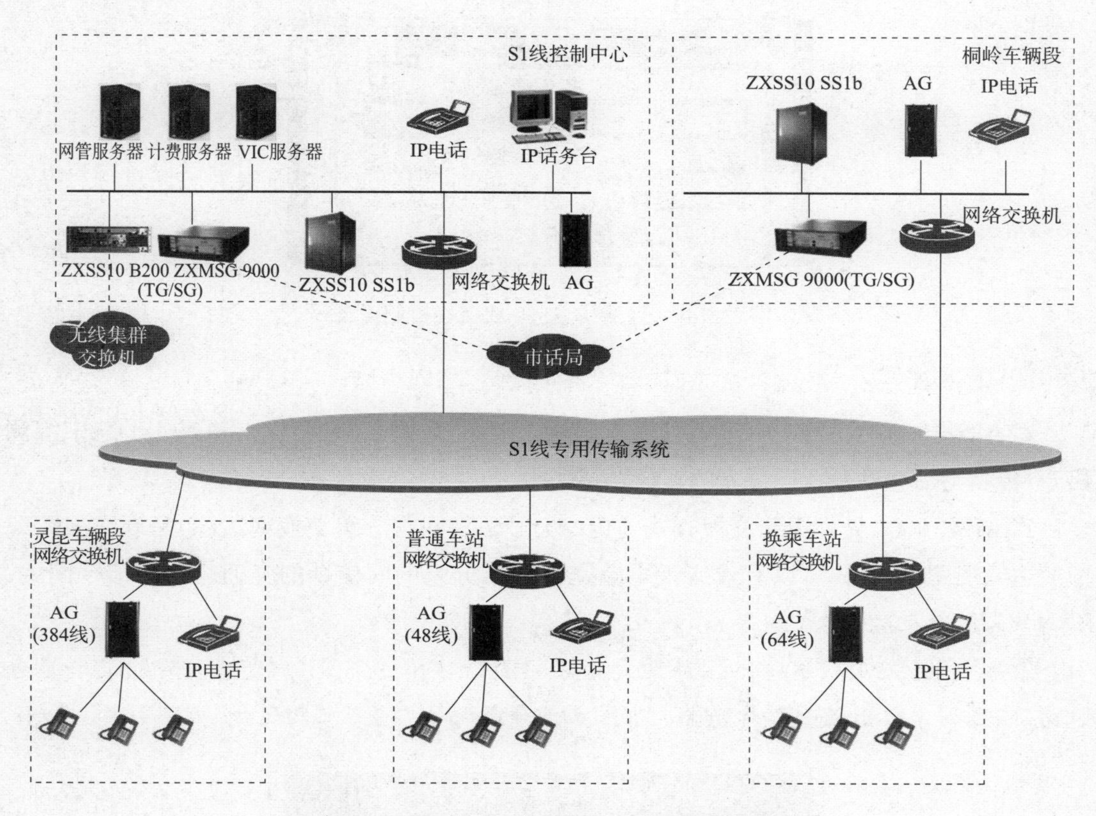

图 2.13 温州 S1 线公务电话系统网络架构

(4)在车辆段设置一套综合接入网关 ZXMSG 5200,用于车辆段范围的公务通信,容量为 384 用户。另外通过以太网交换机接入 16 线 IP 电话。

(5)在本线普通车站各设置一套车站综合接入网关 ZXMSG 5200,容量为 48 个用户。另外通过以太网交换机接入 4 线 IP 电话。

(6)在本线 3 个换乘车站各设置一套车站综合接入网关 ZXMSG 5200,容量为 64 用户。另外通过以太网交换机接入 4 线 IP 电话。

(7)控制中心设置一套边界网关 ZXSS10 B200,用于与无线集群交换的互联互通。

4. 主要设备容量配置

(1)软交换控制设备 ZXSS10 SS1b

ZXSS10 SS1b 软交换控制设备是中兴软交换系统中的核心控制设备,如图 2.14 所示。该设备位于软交换网络中的控制层,通过业务和呼叫控制完全分离,呼叫控制和承载完全分离,完成呼叫控制、媒体网关接入控制、资源分配、协议处理、路由、认证、计费等功能,并实现相对独立的业务体系,使业务独立于网络。这种开放式业务架构,可不断满足用户的业务需求,增强运营网络的综合竞争力,实现可持续发展。

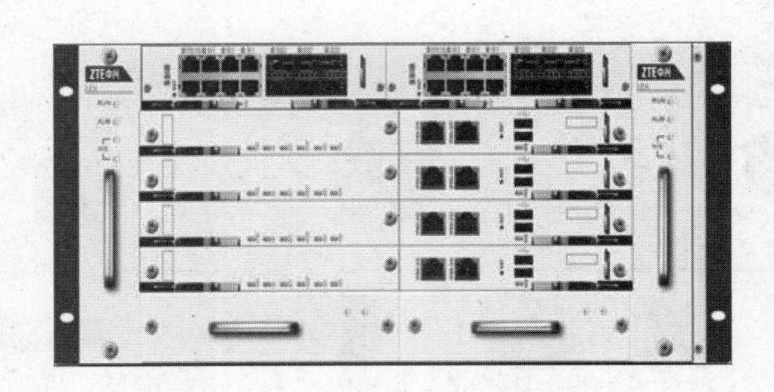

图 2.14　ZXSS10 SS1b 软交换控制设备

(2)媒体网关 ZXMSG 9000 MT64

ZXMSG 9000 负责将 PSTN 网通过中继线接入 IP 核心网,完成 PSTN/ISDN 中继侧语音/传真与 IP 网侧语音/传真的转换功能。

ZXMSG 9000 处在电路交换方式的传统七号信令网与分组交换网边缘,是软交换系统中的边缘层网关设备,可以有效实现电路交换网与分组网间信令的互通。作为信令网关,ZXMSG 9000 功能强大。

中兴通讯 ZXMSG 9000 MT64 最大支持 64E1(本期配置 32E1),支持 8 条 64 kbit 信令链路,或 2 条 2 Mbit 高速信令链路。如图 2.15 所示。

图 2.15　媒体网关 ZXMSG 9000 MT64

(3)综合接入网关 ZXMSG 5200

ZXMSG 5200 是一款综合接入网关,如图 2.16 所示。该设备位于 NGN/IMS 网络的接入层,同时兼容传统 PSTN 网络,满足各类用户综合业务接入的需求。ZXMSG 5200 可充当 PSTN 接入网设备(AN)、DSLAM、NGN 接入网关(AG)、IMS 接入网关(VGW)、FTTx 的 MDU 等诸多网络设备。

中兴通讯 ZXMSG 5200 最大支持 2048 个用户接入。

(4)计费服务器

计费服务器如图 2.17 所示。该设备实现计费中心话单的分拣、超长话单的分割过滤及利用备份话单文件重新生成计费中心话单文件等功能。

图 2.16　综合接入网关 ZXMSG 5200

图 2.17　计算服务器

(5)网管服务器 NetNumen™ U31

NetNumen™ U31 拥有丰富的管理应用功能，以充分满足客户实际运营过程中的各种管理需求为目标。系统不仅提供配置管理、告警管理、安全管理、性能管理等 TMN 规范要求的维护功能，还提供拓扑管理、系统管理、日志管理、任务管理以及各种维护工具，辅助运维人员更准确地了解网络设备的运行状况，更方便地对设备进行调节和监控，使系统运行于最佳状况。

5. 各站点设备组成

图 2.18～图 2.21 所示为各站点设备组成。

(1)控制中心设备组成

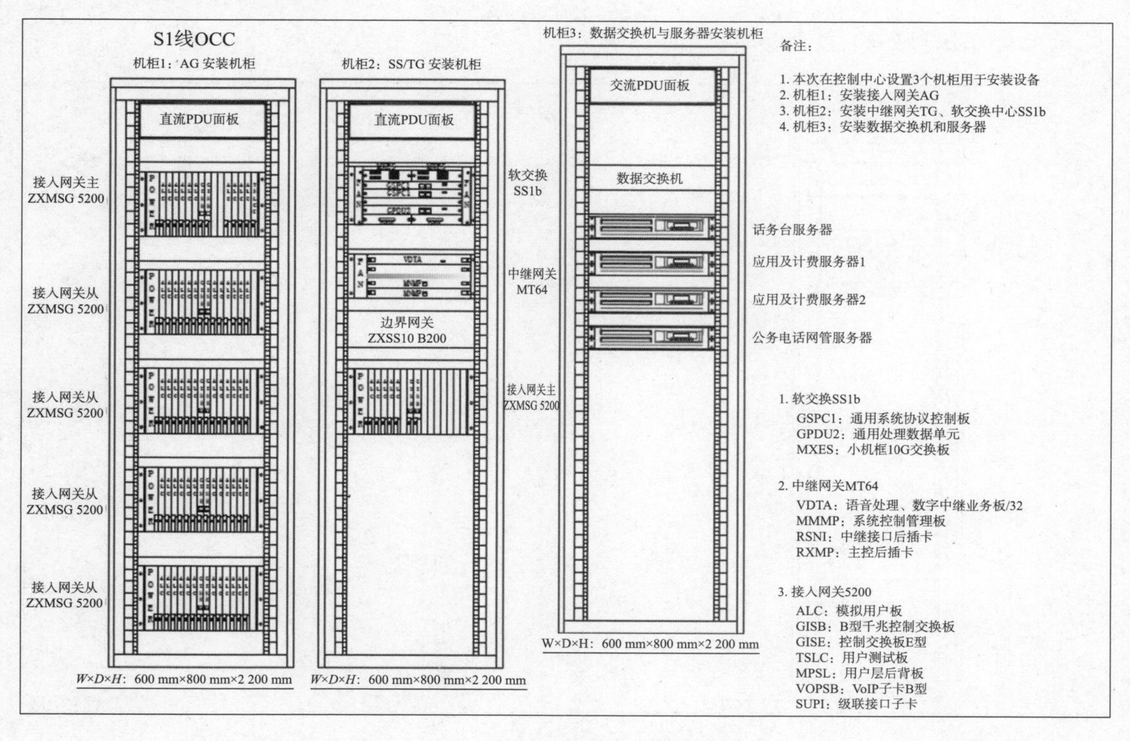

图 2.18　控制中心设备组成

(2)车辆段设备组成

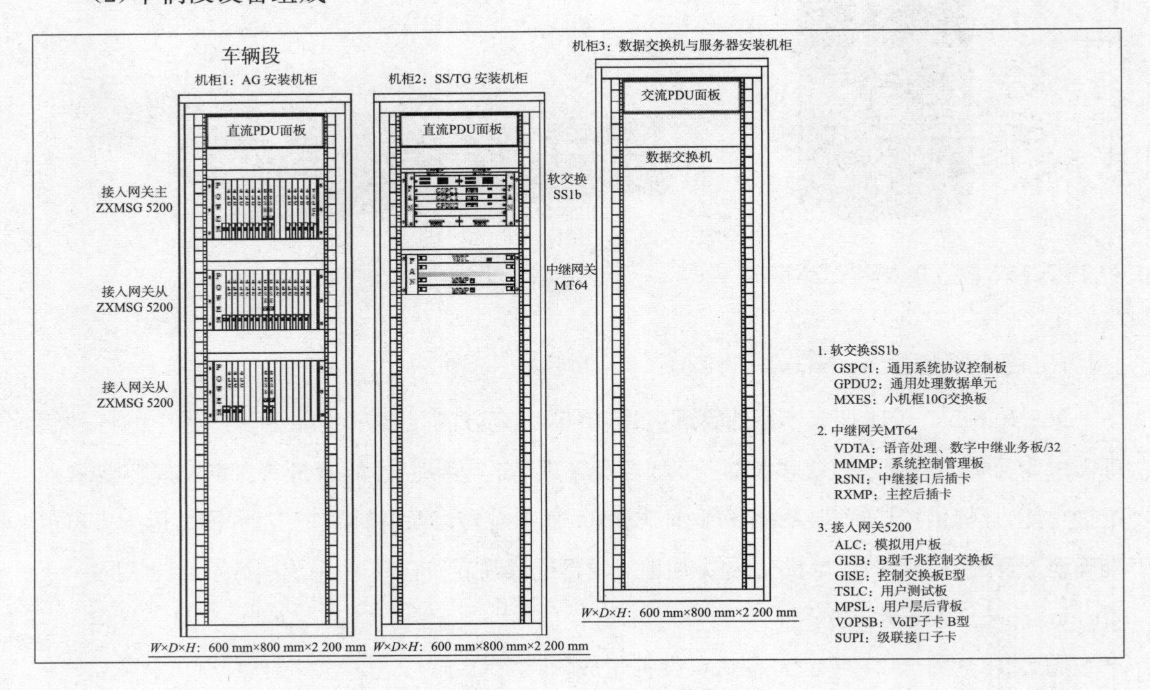

图 2.19　车辆段设备组成

(3)停车场设备组成

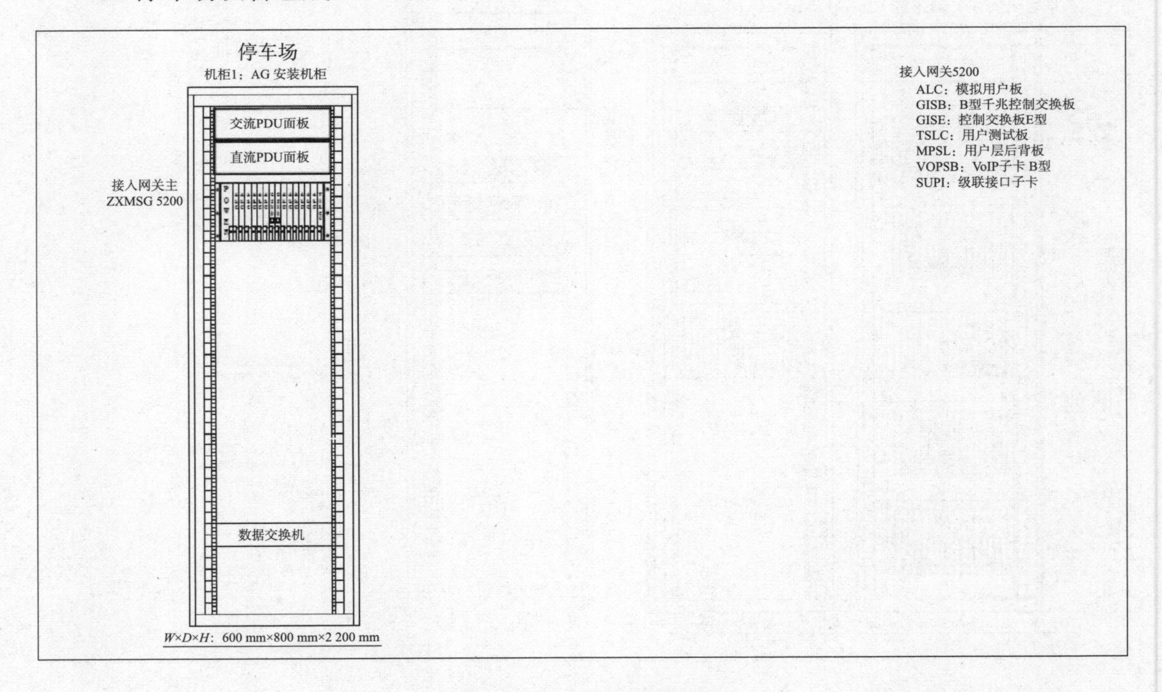

图 2.20　停车场设备组成

(4)车站设备组成

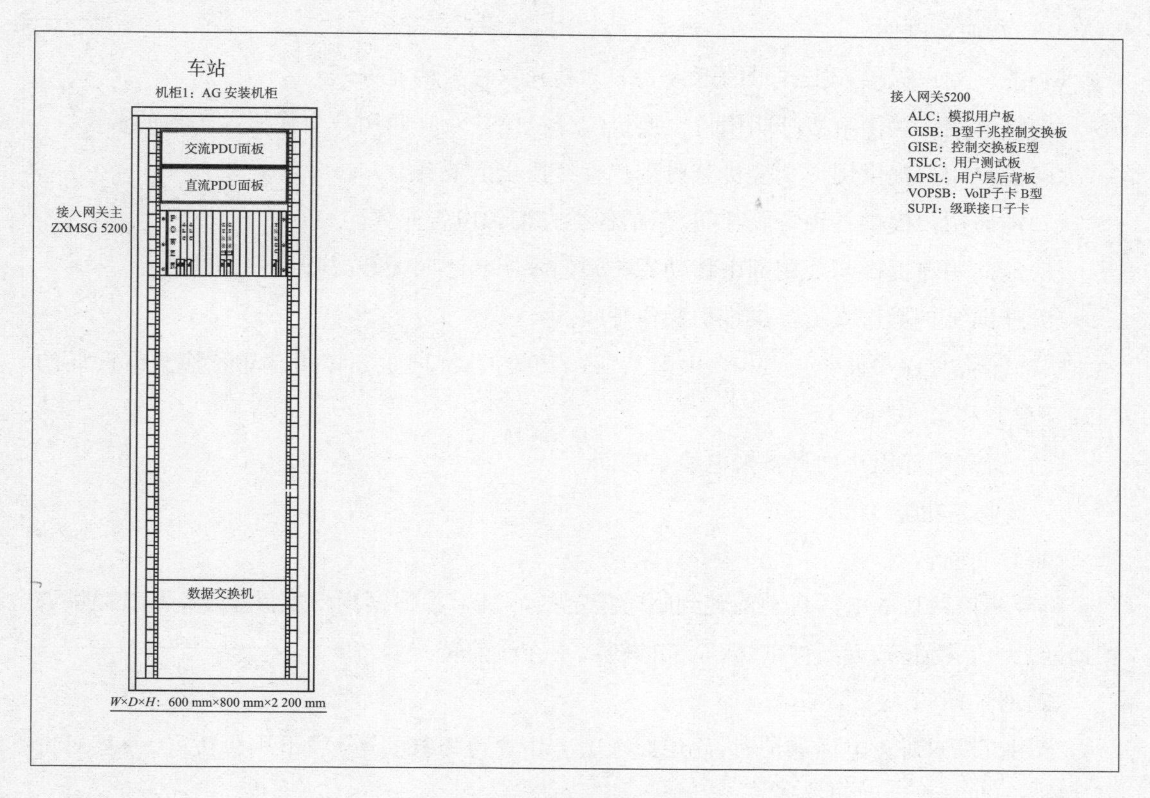

图 2.21　车站设备组成

2.5.5　公务电话系统功能

1. 电话交换功能

(1)能向用户提供本地用户(本地网中的市话用户、农村用户、县城用户)相互间电话呼叫。

(2)能向用户提供国内和国际长途自动直拨的去话业务和国内及国际的长途全自动来话业务。

(3)能向用户提供人工挂号的迟接制和立接制的国内长途和国际长途去话业务，并通过长途交换设备和话务台座席系统向用户提供各类查询、申告业务，包括：

①立即呼叫；

②递延呼叫；

③长途查询；

④被叫付费呼叫；

⑤语言辅助；

⑥话费通知呼叫。

(4)能向用户提供人工挂号的迟接制的郊县和农村去话业务。

(5)能向用户提供直拨呼叫用户交换机的分机用户及呼叫用户交换机人工台的业务。

(6)能向用户提供用户交换机分机用户直接拨出的业务。

(7)能向用户提供各种特服呼叫，包括各类查询和申告业务。

(8)能向用户提供与公用网中移动用户间的呼叫和呼叫无线寻呼用户的业务。

(9)能向维护操作人员提供维护操作呼叫。

(10)能将“119”(火警)、“110”(匪警)、“120”(救护)特种业务呼叫自动转移至市话局的“119”“110”和“120”上。

(11)所有内部用户均具备来电显示功能。

2. 新业务功能

(1)呼叫前转

将呼叫该话机的电话自动前转到临时指定的话机上。根据用户实际需要，可以提供遇忙前转、无应答前转、无条件前转(全部前转)、不在线前转。

(2)遇忙回叫

当用户拨叫对方电话遇忙时，使用此项服务用户可以挂机等候，不用再拨号，一旦对方电话空闲，即能自动回叫接通。

(3)呼叫等待

当A用户正与B用户通话(包括A用户是主叫或被叫的情况)，C用户试图与A用户建立通话连接，此时应该给A用户一个呼叫等待的指示，表示另有用户等待与之通话。

(4)查找恶意呼叫

在遇到不知名的恶意电话骚扰时，用户可以采用按键等简单的方式，通过局端查询出恶意呼叫的电话号码。

(5)三方通话

当用户(可以是主叫或被叫用户)与对方通话时，如需要另一方加入通话，可以在不中断与对方通话的情况下，拨叫出另一方，实现三方共同通话或分别与两方通话。

(6)会议电话

提供三方以上共同通话的业务。

(7)缩位拨号

用2位自编代码来代替原来的电话号码(可以是本地号码，国内长途号码或国际号码)，当2位代码代替原来的国内长途号码或国际号码时，包括国内长途字冠和国际长途字冠。

(8)强拆业务

用户到运营商登记了强拆业务,可以强制拆除正在通话用户的呼叫,与此用户通话。

(9)主叫号码显示

向被叫用户发送主叫线号码,并在被叫话机或相应的终端设备上显示出主叫线的号码。

(10)立即热线(热线服务)

用户摘机后在规定时间内如果不拨号,即可自动接到某一个固定的被叫用户。一个用户所登记的热线服务只能是一个被叫用户。

(11)闹钟服务

利用电话机铃声,按用户预定的时间自动振铃,提醒用户去办计划中的事。

(12)呼出限制

用户根据需要通过一定的拨号程序登记,要求限制该话机的某些呼叫限制。用户需要取消限制或更换限制时,只要采用相应的操作程序即可完成。登记了呼出限制的话机,呼入不受任何限制。这个业务可以防止当用户离开时电话被旁人盗打。

(13)转接业务

当用户与对方通话时,保持通话对方,拨叫出另一方,使另外两方通话。

3. 非话业务功能

(1)传真

软交换控制设备 ZXSS10 SS1b 控制媒体网关采用 T.38、T.37 或 T.30 算法处理传真信号,首选支持 T.38 算法。在呼叫成功建立后,ZXSS10 SS1b 在收到媒体网关上报的“检测到传真/MODEM 音”事件时,控制媒体网关修改语音处理的相关参数,包括编码方式、回声抑制等,以适应传真、数据业务对媒体传送的要求。ZXSS10 SS1b 支持加密传真。

(2)语音邮箱

中兴通讯语音邮箱具备以下功能。

①电话留言

支持语音留言功能,包括:无条件转留言、无应答转留言、遇忙转留言等方式。

②设置问候语

用户可针对无条件转留言、无应答转留言、遇忙转留言等方式分别录制个性化问候语,当客人拨打信箱用户电话遇忙或无人应答时,系统自动播放信箱主人设置的问候语,提示客人留言。

(3)语音邮件

①邮件通知

系统除了在本地服务器保存客人留言之外,还可自动将留言(WAV 格式)发送到信箱用户设定的电子邮箱中。

②语音通知

系统收到新的语音邮件时，自动外拨信箱用户设置的通知电话，告知新留言种类和到达时间。

③短信通知

如果配备了短信网关或短信猫，则系统收到新的语音邮件时，自动发送短信到信箱用户设置的手机上，告知新留言种类和到达时间。短信接口可采用运营商提供的短信网关，也可采用各种另配的短信猫。

④留言灯通知

对于配备了留言灯功能的用户和留言灯功能的话机，支持对收到新的语音邮件的用户话机点亮留言灯；当用户以电子邮件或拨号听取等方式接收完所有邮件时，系统自动熄灭留言灯。

(4)可视话机

可视话机具备以下功能：

①网络连接及协议；

②静态 IP，DHCP，PPPoE 拨号方式；

③支持 HTTP/HTTPS、TFTP、Telnet、NTP/SNTP 等协议；

④支持 ARP/RARP、ICMP、DNS、TLS、UPnP 等协议；

⑤支持 QoS 协议；

⑥支持 SIP 协议以及其扩展协议，支持 RTP、RTCP、SRTP 协议。

(5)通信功能

①基本 VoIP 功能

能够完成基本语音呼叫，用户作为被叫方时，可以选择应答或拒绝，具备二次拨号功能，具有播放回铃音、振铃音、忙音等提示音的功能，具有未接来电提示功能。

②可视电话功能

音视频同步通话，通话过程中，音视频通信方式切换。

视频切换，显示对端图像时，支持原始媒体流的图像大小或者全屏两种显示模式，唇音同步、回音抑制音频处理，自动回波抵消、自动增益控制、自动背景噪声抑制等音频处理，静音检测和静音压缩、舒适噪声输出、输入缓冲等音频处理。

③扩展业务功能

· 无条件呼叫前转

· 遇忙呼叫前转

- 无应答呼叫前转
- 呼叫等待
- 三方通话
- 主叫号码显示
- 主叫号码显示限制
- 呼叫转接
- 呼叫保持
- 呼叫代答
- 彩铃业务
- 区别振铃业务

(6)本地媒体功能

- 视频编解码协议:H. 264、H. 263/H. 263+
- 音频编解码协议:G. 711、G. 722、G. 723. 1、G. 729AB、GSM-FR、G. 726-32
- 帧率:最大 30 帧/s
- 图像分辨率:VGA/WQVGA/QVGA 和 4CIF/CIF/QCIF
- 支持以下音频文件格式的文件播放:MP3、WMA
- 支持以下视频文件格式的文件播放:MP4、3GP、AVI
- 本地图片浏览支持以下图片文件格式的文件播放:JPG、PNG、GIF
- 支持用户浏览器功能
- 数码相框功能

(7)配置管理功能

- 支持用户设置日期、时间、语言、墙纸、背景亮度、屏保功能
- 支持高级设置功能
- 具备网络配置功能,包括 DHCP、静态网络地址、PPPOE 配置
- 用户可以配置 SIP 服务器地址、注册账号/密码等
- 用户认证信息设置,设置用户使用的电话号码以及密码
- 用户可以配置视频参数,摄像头参数
- 支持电话簿和通话记录功能
- 电话簿功能,最大 500 条
- 本机电话簿功能,支持新增、编辑、删除联系人
- 群组管理,并为组群设置不同的铃声
- 查找联系人功能

·在电话簿中的拨号呼叫功能

·电话簿信息导入导出功能

·通话记录功能,通话记录按类别可分为:未接来电、已接来电和已拨电话,可各保存100条记录

·查看不同类别的通话记录,支持快速回拨

·删除通话记录

·将通话记录中的电话号码添加到电话簿中

·通过设备默认配置,或者上电后远程管理统一下发默认配置,实现用户插电零配置使用终端

·设备重启

·设备恢复出厂设置

·通过 TFTP 和 HTTP 升级方式升级

·Telnet、FTP、HTTP 远程登录配置

·WEB 页面配置

·TR069 网管功能

(8)其他功能

·双 10M/100M 自适应以太网口,支持 POE,支持 Wi-Fi 802.11b/g/n

·7 寸数字彩色液晶触摸屏,分辨率 800×480,带 130 万像素 CMOS 摄像头

·支持高保真音质

·支持摄像头视角的调节,可屏蔽本端的视频

·支持调节话机放置角度或者壁挂安装

·支持注册/注销图标显示

·支持连接网络图标显示

2.6 视频监视系统

视频监视系统是保证市域铁路行车组织和安全的重要手段。调度员和车站值班员利用该系统监视列车运行、客流情况、变电所设备室设备运行情况,该系统是提高行车指挥透明度的辅助通信工具。当车站发生灾情时,视频监视系统可作为防灾调度员指挥抢险的指挥工具。

2.6.1 组网架构

视频监视系统(以下简称 CCTV)分为两个部分,其中专用 CCTV 为控制中心和车站两

级组网；公安CCTV为公安分局、派出所和车站三级组网。要求各级均可对系统内的图像进行监视和控制，监视功能相互独立，互不影响。

全网由图像摄取、图像显示及存储、车站控制处理、中心控制处理、视频信号传输、网管等部分组成。

各车站视频处理设备输出的高清视频信号，通过光纤传送至车站交换机及存储设备，车站再传送至控制中心视频处理设备。

为了方便运营维护，视频监视系统设置网管系统，可对视频监视系统设备进行参数设置、编程、故障告警以及统一拓扑管理等综合管理。

视频监视系统与公安视频监控系统前端共用，可满足公安视频监控系统派出所监控设备、公安分局视频监控设备接入要求。

1. 控制中心系统说明

(1)由车站/车辆段送来的数字视频信号由专用通信传输网送入控制中心机房以太网交换机。控制中心机房交换机将数字视频信号提供给高清视频解码器、中心调度员视频终端(通过设在调度大厅等处的交换机)。

(2)解码输出：控制中心3台8路，其中12路分别提供给调度大厅的显示大屏幕(12路，含2路车载视频解码)，其他12路预留。

(3)控制中心调度员的视频终端通过调度大厅交换机与机房交换机联网，可通过本系统视频监视平台，在本调度员权限内任意调用全线任一图像至解码器进行图像的硬件解码，也可在终端显示器上显示软解码图像。

(4)中心调度员能够通过视频终端远程遥控车站任何一台球形一体化摄像机云台的转动及其变焦镜头的焦距调节。可根据具体需要设置多个遥控优先等级，并可进行云台变速控制。各调度员通过登录的用户名和密码来区分优先级，车站的云台被控制时能在软件上显示占用者名称。

(5)控制中心配置1台录像回放终端，通过该终端可实现对全线任一站点的任一图像的录像回放功能，并且具有录像视频转存、刻录功能等。

(6)冗余存储：控制中心配置冗余网络存储主机。当车站/车辆段某处的网络存储主机出现故障时，控制中心的冗余网络存储主机将侦测到此故障并自动接管，将存储视频流送至控制中心的网络存储主机进行数字视频的录像存储。当故障网络存储主机恢复时，可通过自动或手动模式恢复原有的存储方式。

(7)专用车载视频接入服务器：用于将车载CCTV系统的数字视频信号(采用H.264编码)及控制信号转换为本系统可识别的格式，使本系统可实现调用车载CCTV视频图像的能力，并可通过本系统高清解码器解码出2路车载视频图像接入显示大屏幕。

在控制中心设置1台车载客室视频终端用于切换并显示运行车辆上传的客室监视图像，最多可同时调看2路图像。

(8)专用视频管理服务器：集用户认证、视频管理、设备管理、控制管理、任务管理、日志管理、报警管理、电子地图、电视墙管理功能于一身，同时支持海量的监控前端管理。只处理视频管理信令，不对视频流做处理。

(9)录像(数据)管理服务器：集录像管理、网络存储主机、点播回放、录像备份功能于一身，只处理录像(数据)管理信令，不对视频流做处理。

(10)媒体交换服务器：集视频流复制分发、组/单播转换功能于一身，只对数据流做媒体交换，不对数据流本身做处理。

(11)视频网管服务器：支持对车站/车辆段/控制中心设备的批量配置和管理，支持对摄像机录像的批量下载，更全面支持设备拓扑分析、视频质量诊断、录像状态侦测、设备状态检测、设备异常告警、设备远程控制等功能，并将网管信息接入综合网管服务器。

(12)综合网管服务器：接收站点交换机等网管信息和其他管理服务器发送的网管信息，并进行集中管理，同时接收并发送时钟信号，将CCTV综合网管信号发送至集中告警系统，并配置1套网管终端进行网管操作。

(13)视频监视系统(支持《公共安全视频监控联网系统信息传输、交换、控制技术要求》GB/T 28181—2016标准)与变电所视频监视系统采用平台对接的方式，使本系统具备将变电所视频监视系统的数字视频信号接入的能力。

(14)所有本地CCTV设备均由本地电源机箱供电。

2. 车站系统说明

(1)视频信号接入

视频监视系统在车站接入的前端摄像机视频图像(高清数字视频图像)—IP高清摄像机输出的高清数字视频信号(H.264)通过光纤直接接至车站机房交换机。其中，区间摄像机接至车站机房交换机。

(2)音频信号接入

车站票务室及客服中心的摄像机处均配置了拾音器，拾音器输出的音频信号直接接入IP高清摄像机，并与视频同步编码后送入车站交换机。

(3)解码输出

视频监视系统在车站通过3台4路解码器共解码出4路高清图像(支持四画面/单画面切换)，分别提供给车站控制室1台液晶监视器、车站警务室1台液晶监视器，1台4路解码器共解码出8路高清图像(四画面)分别提供给上/下行站台2台液晶监视器。

(4)本地监视

车站控制室及车站警务室值班员的视频终端/控制键盘通过本系统视频监控平台,可任意调用本站点任一图像至解码器进行图像的硬件解码,或在终端显示器上显示软解码图像,同时可发送 PTZ 控制信号以实现对云台镜头的控制。

(5)远程视频

车站机房交换机将本地数字视频信号分别接入专用通信传输网络、公安通信传输网络,以实现专用的控制中心、公安的派出所/公安分局的远程视频监视功能。

控制中心、派出所/公安分局监视终端通过通信传输网络进入本系统视频监控平台,可任意调用本站点任一图像。车站机房交换机将被调用的数字视频信号接入通信传输网络,以实现控制中心、派出所/公安分局的远程视频监视功能。同时监视终端可发送 PTZ 控制信号以实现对云台镜头的控制。

专用 CCTV 车站以太网交换机需要同时向专用通信传输网络、公安通信传输网络提供数字视频信号及控制信号。因此在专用 CCTV 车站交换机上将车站业务层、专用上传接口、公安上传接口分别划分为三个不同的 VLAN,使车站业务层分别向专用上传接口、公安上传接口传送业务信号,并通过三层以太网交换机的 OSPF 路由协议规划其各自的路由,使专用上传接口、公安上传接口不能互相访问,以保证专用(运营)通道与公安通道互不干扰。

(6)其他说明

经授权后,各值班员及中心调度员的监视终端可对本站点的任一图像进行录像回放调用。

录像存储:车站通信机房交换机同时将数字视频信号送入车站网络存储主机,以进行数字视频的 IPSAN 录像存储,满足本站全部视频存储 30 天及支持 10 个以上客户端同时访问的要求。

当车站网络存储主机出现故障时,控制中心的冗余网络存储主机将侦测到此故障并自动接管,将存储视频流送至控制中心的网络存储主机进行数字视频的录像存储。车站网络存储主机恢复时,可通过自动或手动模式恢复原有的存储方式。

车站配置了视频分析服务器,可对 4 路视频图像进行智能视频分析。

车站配置的视频服务器集用户认证、视频管理、设备管理、控制管理、任务管理、日志管理、报警管理、电子地图功能于一身,只处理视频管理信令,不对视频流做处理。

解码器、数字录像存储设备、以太网交换机等设备由其设在中心的相应服务器进行网管。所有网管信息最终接入设在中心的综合网管服务器。时钟信息的传输同样由网管系统进行。

所有 CCTV 设备均由本地电源机箱供电。

2.6.2 系统功能

1. 图像监视和控制功能

车控室值班员、车站警务室值班员可通过视频控制终端对本车站的所有摄像机进行监控,并可通过视频控制终端的显示器监视摄像机的视频图像。视频控制终端应用界面上应能提供电子地图(由本系统提供车站 2D 矢量图)以显示车站平面图以及各摄像机位置,便于值班员选取及控制摄像机,车站警务室值班员也可以通过控制键盘任意调看全线车站的任意视频图像,以单画面、四画面显示在彩色监视器上。

车控室值班员、车站警务室值班员可通过本站范围内摄像机摄取的图像监视本站运营情况,既可对不同图像设置自动循环切换监视,也可选择某个摄像机摄取的图像进行固定监视,应具备视频分割与合成功能。车控室值班员可将本站内的视频图像调入视频控制终端显示器,以单画面、四画面模式进行监视,还可根据用户要求确定群切换的图像组合。

车控室值班员、车站警务室值班员可以通过视频控制终端或控制键盘在中心未占用时遥控本站任意一台球形一体化摄像机云台的转动以及对变焦镜头调节。

车站视频控制终端能显示其他人对本车站球形带云台摄像机的占用情况。对球形带云台摄像机控制的优先级数量应足够多且设置灵活、可调。

支持多画面轮巡功能,可以对车站内所有点位图像以多画面方式轮巡查看。

在隧道至高架区段的地面过渡段的摄像机具有强光抑制功能,并能满足白天、黑夜和强光下的拍摄要求,确保监视影像清晰。

车站视频控制终端调用本车站球形带云台摄像机的过程中,当云台被占用时,车站视频控制终端显示器能直接将占用者的信息显示在视频图像上,直到云台控制延时结束后,占用指示自动消失。显示的操作员信息可以是简洁的操作员代码,也可以是操作员名称,所显示内容应不遮挡有效监视范围。

2. 字符叠加功能

视频控制系统的每台摄像机的图像都有字符叠加功能,叠加字符在摄像机进行数字化编码前完成,字符的内容包括车站站名、线路名称、摄像机位置,能实时显示云台占用者信息。

在车站、车辆段本地监视系统和中心远端监视系统的监视器所显示的每一幅图像上能显示车站名、段名、场名、摄像点的区域编号、日期及时间等,字符叠加内容可通过远程网络采用以太网方式在中心对各车站的字符进行远程设置、修改。

字符叠加通过控制中心网管软件完成,实现方式简单快捷,在车站可以编辑修改字符,在控制中心也可以对任意车站的字符进行编辑、修改。此外,针对系统内的云台摄像机,可以接受来自云台控制单元发送的控制占用信息，直接将正在操作该云台的操作员名称叠加在视频图像上，直到另一个操作员更新该信息。

3. 图像存储功能

视频控制系统一般采用 IPSAN 的直存方式，并在车站/车辆段/控制中心/派出所/公安分局等处均配置了视频存储磁盘阵列，以作为各站点数字监控录像存储设备（IPSAN 直存方式），可满足本站点全部视频实时录像存储 90 天（按 24 h/天；高清图像分辨率为 1 080 P，码流不低于 6M）及支持 10 个以上客户端同时访问的能力。

提供电源冗余保护，支持 RAID0、RAID1、RAID5 的盘阵组合功能，可提供至少一块硬盘损坏不影响视频的正常存储及不丢失盘阵中的已存储图像的能力。

IP 摄像机及编码器输出的视频存储码流为 H. 264，进行录像存储时，首先由视频管理平台软件（安装于视频服务器）对 IP 摄像机/编码器和网络存储主机进行映射，再由网络存储主机将需要存储的码流进行 iSCSI 封装并存储。即可确保视频信号进行全帧、全天候实时不间断录像。

采用数据块直存的方式，视频图像采用非文件打包方式进行存储，保证设备故障或异常掉电情况下前一秒的录像不丢失。

数字监控录像存储设备具有接收统一时间校准的功能，以便对输入的所有图像录制时间进行校准。

能提供电源冗余保护，支持 RAID0、RAID1、RAID5、RAID6 的盘阵组合，可提供至少一块磁盘损害不影响视频的正常存储及不丢失盘阵中的已存储图像的能力。

提供 Cache 数据的永久保护功能，当异常停电时可通过内置电池继续供电以便把写缓存数据保存到从控制器物理设备规划出的固定存储空间，保证数据的完整性，实现 Cache 数据的永久保护。实现方式如下：采用的 IP SAN 存储在线式内嵌 UPS 和数据保险箱功能，系统异常停电时 RAID 提供的磁盘不能提供读写功能，此时系统配置的电磁会继续给系统供电，保证写缓存整个数据保存到内置的数据保险箱，当所有数据都成功的写入到数据保险箱后，系统会给数据保险箱标志一个数据标志位，当系统恢复供电后，数据保险箱的数据进行数据标志位的判断，把数据保险箱记录的缓存数据加载到系统，并及时把缓存数据写入到 RAID 中，保证数据的完整性。

支持在线对损坏磁盘的更换，支持通过增加硬盘数量、硬盘容量来扩展存储空间的能力。可依据事先的报警处理配置，按需自动实现事件全程的存储记录，以及提供事件预存储。

视频的存储可自动或手动实现预先配置，可支持针对每一路存储视频的不同要求（编码技术、清晰度、码流大小、帧率等）进行单独配置。

存储的图像可在控制中心进行网络回放、刻录，能按录像的时间、日期范围、站名和摄像机位置进行分类图像检索，回放速度可调(以 1 帧/s～30 帧/s 可调速度回放，清楚地观看图像变化的每一个细节)。

系统具有循环录像功能，磁盘存满后，最新录入的信息可覆盖最早录入的信息。磁盘阵列，并可以灵活扩充。

2.7 广播系统

通常在城市轨道交通的主要地点(如控制中心、车站、车辆段)均设有广播系统设备。系统监控数据通过 RS-422、RS-232 或以太网通信接口方式相连，形成一个广播系统监控网。同时通过传输系统的语音通道实现中心到车站的语音传送。

2.7.1 系统的构成

1. 广播子系统中心级设备

中心级广播设备主要包括中心广播播音设备和网络管理设备(集成自动录音功能)，中心级广播与车站级广播通过传输网连接(语音和控制)，其中广播信令采用共线控制方式。中心级广播播音设备一般包括总电源控制器、控制模块(包括语音合金模块、双路前级放大模块、通信扩展模块、中央控制模块、以太网接口模块、电源模块等)、模块机箱、接线箱等。

2. 广播子系统车站(车辆段)级设备

(1)总电源控制器

用于将输入的电源变换为系统各模块所需的工作电源。电源模块采用开关电源，效率高、体积小、适应电压范围宽。

(2)通信扩展模块

用于扩展系统对外的 RS-422 接口，每个模块有两个 RS-422 接口。本模块通过内部串通信总线与主控模块交换信息。

(3)以太网接口模块

用于连接以太网，接收以太网的信息，将以太格式控制信息变换为 RS-232 格式，实现中心对车站的控制；车站广播系统内的状态信息以 RS-232 格式进行传递，并通过此模块转换为以太网形式发送到控制中心，在控制中心统一监测。

(4)中央控制模块

是广播系统的控制核心，用于控制、协调各模块的运行。该模块通过串行通信总线与系统中的其他模块交换信息，对各种信息进行识别判断，发送对应的控制指令，实现广播区的开关控制、音量控制、检测控制等。同时，该模块还监测系统中其他各模块的运行状态，对监测到的状态信息进行处理，通过显示屏显示出来，便于维护和维修。当与中心联网时，可将状态信息发送到控制中心，在中心进行统一网管。通过对中央控制模块的操作，可以从控制中心获得全线任何车站的状态信息，在显示屏显示出来，即当网络完好时在任何车站都可以监测全线各车站的设备状态，包括控制中心的设备状态。

(5)语音合成模块

语音合成信息存储在 CF 卡中，当模块接收到播音控制指令时，CPU 即通知解码电路，对相应的语音信息进行处理，播放对应的语音内容。语音信息的更改也非常方便，用计算机将语音内容转换为相应的音频格式的文件，给每个文件按照规定的段号命名，再拷贝到 CF 卡中即可。

(6)双路前级放大模块

此模块包含两路放大电路，每路包括放大、音量及音调数字控制、输出驱动、插播控制、测试控制及音量显示等功能电路。

(7)功率放大器

对输入信号进行放大处理后输出到功放输出模块。

(8)功放输出模块

接受控制指令，按指令打开相应功放与扬声器连接通道，实现音频输出。

(9)扬声器

中心有一定数量的扬声器分装在关键的房间和通道，满足日常广播及应急广播的需要。

3. 网络管理设备

轨道交通广播子系统的网络管理设备是广播子系统的重要组成部分，可以监测系统中心设备、车站设备及车辆段设备的故障报警以及其联网状态，对每次广播操作台的操作信息进行记录，还可以将监测到的所有故障报警信息传送给通信集中告警系统。

4. 数字广播系统

在轨道交通广播子系统中也有使用数字广播的，系统布局与以上模拟广播基本一样。系统构成有较大区别，数字广播系统主要由呼叫站、键盘、光缆、光纤界面、塑料光缆、网络控制器、功率放大器、扬声器等组成。

2.7.2　广播子系统的原理

广播就是通过专用设备对公众讲话，也称为扩声系统。现代的广播设备主要通过电子设备将人声转换成电信号传送出去，再通过设备将电信号还原成声音信号，达到远距离大范围广播的目的。

广播的传播方式主要有：有线广播及无线广播。有线广播是将声音电信号直接通过电缆传送至扬声器进行广播，轨道交通广播系统也属于有线广播的范畴。而无线广播是将电信号通过无线发射设备发送出去，再经过无线接收设备将发送的信号接收下来还原送至扬声器，如收音机等。

以温州 S1 线广播系统设备为例，图 2.22、图 2.23 分别为中心系统和车站系统设备框图。

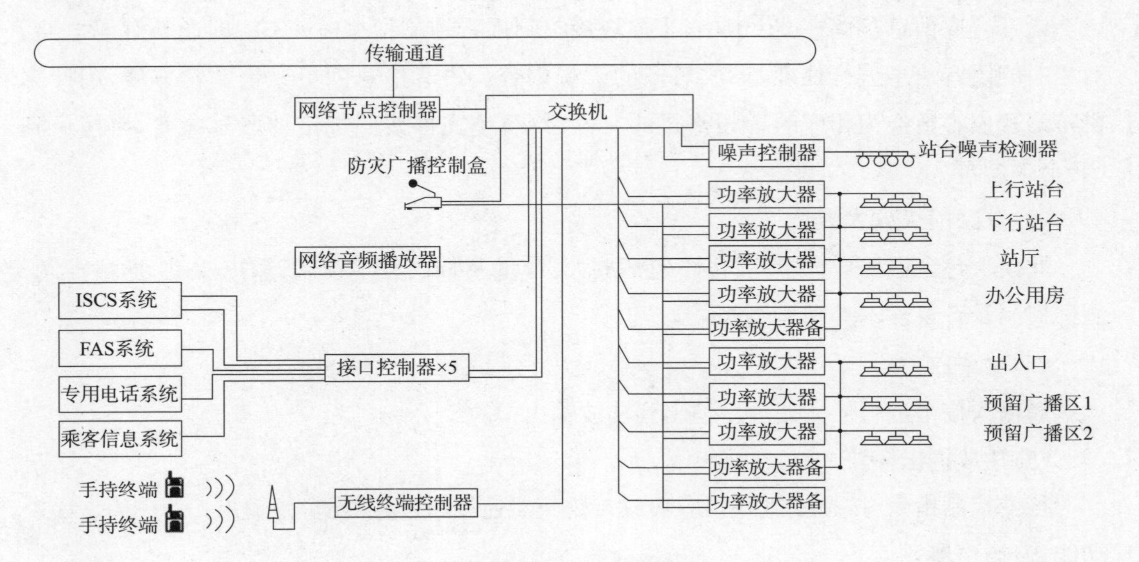

图 2.22　中心系统设备框图

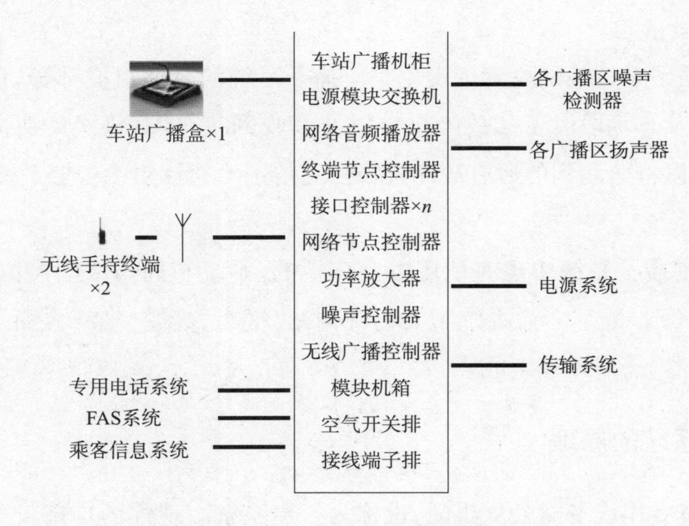

图 2.23　车站系统设备框图

2.7.3　广播子系统的外部接口

1. 与信号专业 ATS 接口

通过信号专业 ATS 提供列车位置信息，实现自动广播。

2. 与时钟系统接口

实现广播系统与整个地铁时间同步、准确。

3. 与传输子系统的接口

实现系统中心级设备与车站设备语音和数据等信息的通信。

4. 与防灾报警系统的接口

通过防灾报警系统提供的灾害模式信息，实现紧急广播。

5. 与电源系统接口

通过与电源系统的接口，获取 220 V/50 Hz 的电源为系统提供电能。

6. 与集中网管接口

通过与集中网管接口，把系统故障上传给集中网管。

7. 与主控系统接口

目前不少城轨交通系统使用主控系统。因主控系统具有列车信息、灾害模式信息发送功能，所以城轨广播子系统只要与主控有接口，无须与信号、防灾报警系统有接口。另外，主控系统也可以通过对广播系统发放命令，实现对广播系统的日常播音控制。

2.7.4　广播子系统的终端功能

轨道交通广播子系统的网络管理设备具有自动录音功能，可以对所收调度的全部广播语音信息进行录音，记录的内容包括广播的操作者、优先级、广播对象、广播内容、广播开始及结束时间等信息，作为调度指挥指令提供查证、举证的依据。

1. 车站级广播设备

主要包括车站值班员广播操作台、控制设备、扬声器、广播电缆等。车站广播机柜硬件设备与中心的配置差不多，但车站还配置了噪声检测设备。在站台层和站厅层的旅客公共区域内设置有环境噪声传感器，通过相应的控制设备，可根据回传的背景噪声大小，自动调整功率放大器的输出功率，使广播的输出保证一定的声压级，以达到最佳的播音效果。环境噪声传感器中还应有话音识别电路，防止将广播声音当作噪声处理。

2. 车辆段广播设备

主要包括广播控制台、插播控制盒、广播机柜（含接口控制模块、功率放大器等）、扬声器网络等，车辆段广播系统与中心相比，还配置了插播盒设备，通过设置在运营库四周墙上的插播控制盒,可以选择对讲及广播。选择对讲时,可以与值班员(通过控制台)对讲,对讲是全双工的。选择广播时,可以对预先设定的区域进行广播。因为中心无须对车辆段进行广播,所以车辆段广播系统与中心没有音频接口。

3. 功率放大器功能

(1)具有自动延迟开机功能。当设备连接 220 V 交流电时,CPU 部分开始工作。延迟一段时间后,自动开机(接通功放板的电源)。延迟时间约为“功放地址×1 s”。

(2)设备通过网络接收选区控制信息及音频数据流信息,自动识别优先级,播放相应的广播音频。

(3)当应急广播有效时,设备自动播放应急广播的音频。

(4)监听功能设备中有内置监听扬声器,可以监听本机所广播的音频。设备可以采样本机广播的内容,根据控制指令,可以通过网络发送用于监听的音频数据流。

(5)能够对广播音量(手动调节、远程调节、噪声调节、温度调节)及监听音量(通过设备的旋转编码器调节)进行控制。

(6)自动倒机功能:当功放故障或手动关闭功放时,能够自动倒机。

(7)能显示功放状态信息,至少包括广播状态、音量信息等。

(8)功率放大器执行网络控制器的指令,按指令进行音频的放大输出,同时也向网络控制器发送状态信息。

(9)网络控制器是整个系统的核心设备,储存所有的控制信息,发出系统的所有控制命令。网络控制器的以太网接口与 PC 相连,PC 机可登录网络控制器进行播音控制和诊断等操作,也可以对系统进行设置、灌录语音信息、监视系统设备的故障信息。

4. 中心广播控制终端的功能

中心广播系统终端由话筒前级和终端工作站组成,具备良好的人机界面,能够流畅完成编组和单选的广播功能,主要具备的功能如下。

(1)选区广播功能

中心调度员通过中心广播控制操作终端,向已设定的固定组合广播区域进行广播,也可通过灵活的编程设定对任意车站的组合和任意广播区的组合进行广播,选站、选区主要包括以下内容:

①选定所有车站全部区域

②选定所有车站站厅区域

③选定所有车站站台区域

④选定任意一组车站全部区域

⑤选定任意一组车站多个区域

⑥选定任意一组车站任一区域

(2)可视化界面广播功能

中心广播系统终端具有温州S1线线路及各车站的可视化界面,值班员根据各广播站台的广播区域的占用情况,使用鼠标选择相应站点,可以执行查询状态、监听、播音等操作,还能进行相应的信源选择,如对话筒广播、语音广播、语音段选择、线路广播等。

中心广播控制终端对广播系统的任何操作都有相应的提示。

(3)外接音源设备广播功能

中心广播控制终端具有外部信源输入接口,能够接收外来的广播音源的输出,如CD机、MP3等。

(4)自动广播功能

广播系统在控制中心通过接口控制器接收综合监控系统发出的列车信息,接口形式为2路以太网接口,能够接收到综合监控系统发出的列车到站、出站等信息,中心接收到综合监控系统的信息(包括列车进站、甩站通过、快车跳站等数据信息)后,进行分解、分析处理及逻辑判断,然后通过传输通道下发至相应车站,触发并自动启动预先录制的语音信号向相应的区域进行预告广播,从而实现列车进出站自动广播。

(5)与时钟信号同步广播功能

广播系统的时间直接在控制中心和时钟系统同步,控制中心接受时钟系统提供的标准时间信息,并通过传输通道将时间信息下发至各个车站,同步本系统所有设备时间。

广播系统在控制中心具有与时钟系统的接口,接口形式为1路RS-422数据接口,时钟信息格式由时钟厂家提供。具体接口方式在设计联络时确定。

(6)语音合成广播功能

语音信源采用SD卡存储并存放在网络音频播放器中,存储容量为16 G(最大可支持256 G)。可存储预录制的音频信息(包括但不限于支持普通话、英语等),总播放时间大于480 min。语音信源音质达到CD级,语音内容可方便地更改。

5. 车站广播功能

(1)车站话筒广播

通过广播控制终端进行相应的选区操作,并进行话筒广播功能。

(2)车站语音广播

通过广播控制终端进行相应的选区操作,并选择相应的预录制语音,将录制好的语音文件播放到各广播区。语音文件的播放次数可以选择。

(3)车站监听

通过广播控制终端进行相应的选择,监听所选择广播区正在播放的声音。

(4)广播区状态查询

通过广播控制终端对车站广播区状态进行监测,查看车站的某个广播区正在进行广播的状态等。

(5)应急广播

当系统出现异常情况时,广播控制终端直接连接功率放大器进行播放,组成应急广播通道,从而实现应急广播功能。

(6)广播优先级

当高优先级广播时,能够自动打断低优先级的广播,而低优先级的广播则不能打断高优先级的广播。

(7)广播预示音

每次开始广播前,将会自动播放预示音,该预示音储存在网络音频播放器中。

(8)功放自动检测、切换

可自动检测功放运行状态,当有功放故障时,会自动检测出故障功放,如果有广播接入,则自动切换备机,等该功放修好后自动切换至正常功放进行广播。

(9)音量自动调节

采用噪声探测器自动调整相应区域功率放大器的输出电平,保证信噪比的最佳输出,以达到最佳的播音效果。噪声探测器采用数字形式将噪声值回传。

2.8 乘客信息系统

本节以温州 S1 线乘客信息系统为例,对乘客信息系统基本组成、功能和结构进行介绍。

2.8.1 系统构成

温州市域铁路 S1 线 PIS 系统包括:线网播控中心子系统(PCC)、线路控制中心子系统、车站子系统和网络子系统。线网播控中心设备设置于控制中心。

1. 线网播控中心子系统

线网播控中心设备由中心服务器、视频流服务器、直播数字电视编码器、中心视音频切换矩阵、高标清上下变换设备、磁盘阵列、各种操作终端、打印机、预览设备及相关软件等构成,另外还配便携维护终端、扫描仪等,如图 2.24 所示。

线网播控中心子系统与线路控制中心系统的交互数据包括:中心组播视频流、图文资讯信息、紧急信息指令、设备控制指令、设备状态信息、系统日志;线网播控中心与车载子系统的交互数据包括(通过移动宽带传输系统):中心组播视频流、图文资讯信息、播表/版式信息、设备控制指令、设备状态信息等。

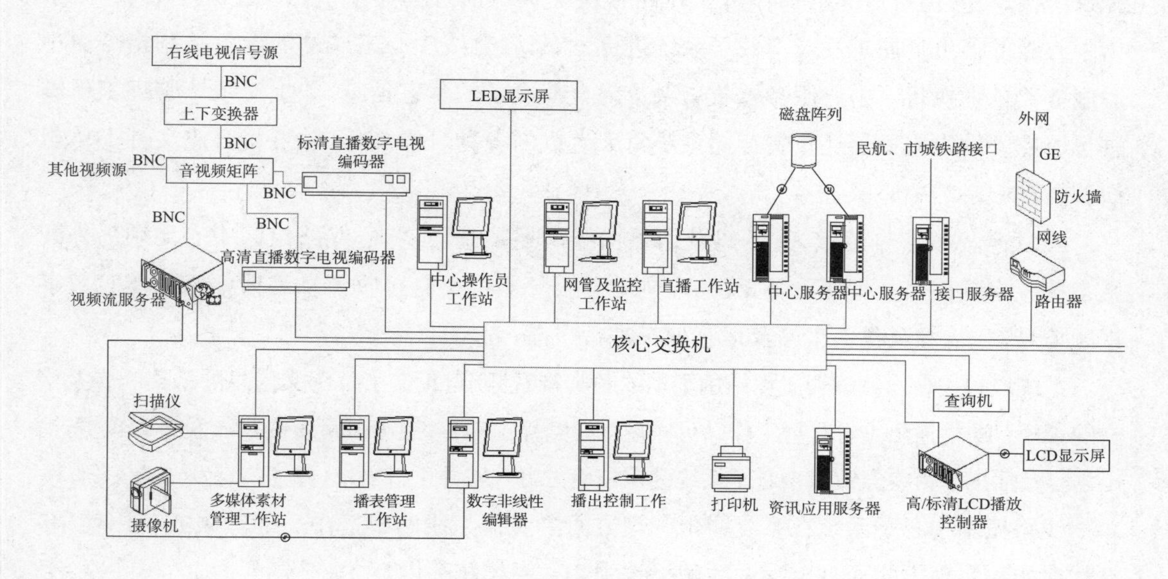

图 2.24　线网播控中心(PCC)

系统主要实现如下功能。

(1)信息采集及编辑:通过摄像机、放像机、数码相机等采集设备进行视音频信息的采集,并通过多媒体素材管理工作站实现媒体节目的编辑。

(2)信息播出:向S1线发送实时的信息,各车站可即时统一进行相关信息的播放。

(3)视频节目直播:系统采用H.264标准格式实现对各个车站的直播功能。

2. 线路控制中心子系统

线路中心子系统不再设媒体编辑设备,由交换机、中心服务器、视频流服务器、操作员工作站、系统管理工作站等组成。

线路控制中心可接受信息编播中心的管理,并与信息编播中心进行数据交互,包括:编播中心组播视频流、图文资讯信息、紧急信息指令、设备控制指令、设备状态信息、系统日志。分线中心下行管理S1线内车站设备,并可将由编播中心传来的各种实时及非实时的信息转发至各个车站服务器。线路控制中心与车站子系统的交互数据包括(通过传输系统):转发的中心组播视频流、图文资讯信息、播表/版式信息、设备控制指令、设备状态信息等。

中心服务器负责接收信息编播中心的图文资讯信息、播表/版式信息、设备控制指令,并负责收集车站子系统及车载子系统设备状态信息、系统日志等信息,同时中心服务器对以上信息进行统一存储，存储的数据和信息能够通过分线中心各功能工作站进行查询和管理。此外，系统设置一台接口服务器负责 PIS 系统与外部资讯信息系统的接口，如综合监控系统接口、时钟接口等。操作员工作站将图文资讯信息和播出信息发送到中心服务器，由中心服务器负责向车站及车载子系统进行发布，各分线中心工作站的设备控制指令由中心服务器负责执行。中心服务器收集系统内全部设备的状态信息，并提交系统管理工作站进行监控。中心服务器还负责存储系统每天生成的各种日志文件，并可将日志文件上传至线网播控中心的中心服务器。

实时视音频信号的接入、编码及组播由线网播控中心实现，线路控制中心无须另外配置各种视音频播出及编码设备，线路控制中心服务器可实时接收信息编播中心的实时数字视频信号，并转发至各个车站及运营列车进行广播。

系统设置一台媒体编辑工作站用于本线各类视音频节目、文字及图文信息的采集编辑及素材的管理。通过播出查看管理工作站可实现本线路播出内容、播出节目表的审核及查看预览，播出内容及播出节目表经编播中心子系统的审核后方可入库并进行播出，保证信息发布的安全。

线路控制中心子系统在系统播出管理方面主要作为线网编播中心的降级或备用使用，具体功能和实现方式详见上述中线网播控中心子系统相关内容。

线路控制中心系统主要实现线路与外部系统的对接作用，下面用最典型的 ATS、时钟两个外部接口来阐述。

3. ATS 信息提取及发布

(1)ATS 信息提取

本系统在控制中心设置专业的接口服务器通过 10/100M 以太网接口与信号系统连接。ATS 信息可通过 Modbus TCP 协议接入到控制中心接口服务器，经 ATS 分析模块分析后通过网络传送到各个站点进行播出。建议通过传输通道直接将 ATS 信息发送到各个站点，由车站 LCD 播放控制器直接提取 ATS 信息，以避免不必要的网络延时。

(2)ATS 信息发布

车站 LCD 播放控制器通过网络从线路控制中心子接口服务器 ATS 信息模块提取动态列车运行信息，并进行列车运行时间的信息显示。时间的显示方式为倒计时方式，需要显示最近到达本站列车的到达时间和开车时间。车站 LCD 播放控制器 ATS 解析模块可对接收到的 ATS 信息进行分析，自动确认列车到达和离开的时间，并以倒计时的方式显示下列车到达时间，同时在本次列车进站前 2 min 开始以醒目的方式显示“列车即将进站，请站在黄线以外候车”或“列车进站，请顺序上车”等警示语句。列车到达停稳后，列车到达时间归零，随即开始以倒计时的方式显示下次列车到达的时间。如遇列车晚点，则可在列车到发时间区域显示列车晚点通知及晚点时间。

4. 与时钟系统的同步

采用了面向网络系统的性能可靠稳定、维护方便的系统时间同步解决方案。为保证乘客信息系统能够运行在精确、可靠的时间同步基准之上，采用二级时钟同步方案：一级时钟服务器及二级时钟服务器，其中一级时钟服务器端位于上层网时钟系统服务器，二级时钟服务器端位于乘客信息系统线路控制中心接口服务器。

（1）一级时间同步

时钟系统为本系统提供1路时间信号，接口类型为基于NTP协议的以太网接口，可直接连接于线路控制中心接口服务器。二级NTP服务器即乘客信息系统线路控制中心接口服务器作为一级NTP服务器时钟系统的客户端，每隔一段时间主动申请与时钟系统服务器同步，同步间隔时间在0.5～6 min之间。

（2）二级时间同步

接口服务器上的时间服务器软件与时钟系统服务器进行校时，以此作为整个乘客信息系统的时间基准，并采用SNTP协议实现整个网络的时间同步，可采用组播的方式对系统所有计算机设备进行同步和时间校正，同时乘客信息系统内的其他计算机设备也可定期向内部时间服务器主机发送时间同步请求，借助通信传输网络从时间服务器获得时间信息，计算并校正本地时间。在同步周期之间，利用计算机内部时钟守时，从而实现整个乘客信息的时间同步。

（3）校时精度

同步精度理论上能够达到毫米级，考虑到系统传输网络的延时以及计算机内部时钟的限制，实际上同步精度能够优于50 ms。

5. 车站子系统

车站子系统主要由车站接口适配器、交换机、车站LED屏（含控制器）、车站LCD播放控制器、转换分配器、车站LCD显示屏、KVM切换器等构成。

LCD播放控制器采用HDMI高清格式，信号分辨率为1 920×1 080，在每个车站，根据前端LCD显示屏数量的不同，分别设置3～5台LCD播放控制器，分布区域分别是上、下行站台、站厅、出入口。站厅及出入口根据LCD屏的数量不同，设置1～2台LCD播放控制器，在不同的区域显示不同的信息内容。

车站子系统通过车站交换机与传输网络相连接。本地播出的节目和资讯通过网络提前预存到本系统的车站LCD播放控制器。播表信息由线网播控中心编制后发送到车站子系统，播表信息包括了各显示区域的播放资讯序列的属性、播放时长等。通过版式和播表能够对各显示终端屏进行有效的资讯播发控制。LCD播放控制器通过HDMI接口将播放信息发送给视频转换分配器发射端，由视频转换分配器发射端将电信号转为光信号传送给前端的视频转换分配器接收端,视频转换分配器接收端再把光信号还原成 HDMI 信号,然后通过 HDMI 传输电缆连接至 LCD 屏,由 LCD 屏进行显示。

车站站台主要采用 LCD 显示屏进行乘客信息的发布,LCD 屏分别通过不同区域(站台、站厅、出入口)LCD 播放控制器进行控制。车站的 LCD 信息发布采用广播级高清标准,并采用高清 HDMI 数字视频技术进行视音频、信息的合成处理及信号的传输,可以 1 920×1 080 的标准高清数字信号进行信息的发布。车站子系统基于 HDMI 数字电视技术,车站布线全部采用了光缆布线,可同时传输数字高清视频信号及数字音频信号,音频可与视频信号嵌入同一根光缆内。传输距离基本不受限制,满足地铁各种应用环境。

6. 网络子系统

网络子系统主要由线网播控中心交换机、线路控制中心交换机、车站及安全系统和路由器等构成。

为保证网络的高可靠性,在线路控制中心和线网播控中心各配置 1 台核心交换机。核心交换机选用华为公司的 S12708。S12708 交换机具有 3.84 TB 整机交换容量、1 920 Mb/s 的包转换能力。总插槽数 10 个,其中 2 个槽位用于插主控引擎,其余 8 个槽位可以用于插业务板卡。为了保障设备的高可靠性,核心设备均配置双主控引擎、双电源、双网板。

S12708 系列交换机采用先进的全分布式体系结构设计,通过主引擎和分布式高速业务接口板上内置的 Crossbar 交换网芯片实现板内、板间二、三层流量的线速分布式转发,通过分布式高速业务接口板上内置的高性能 CPU 与位于主控引擎上的 CPU 协同工作,实现 ACL、流分类、QoS、组播等业务的全分布式处理。

S12708 采用无源背板,支持双路电源供电,支持引擎、电源、风扇的冗余,支持单板热插拔。S12708 系列可以在恶劣的环境下长时间稳定运行,达到 99.999%的电信级可靠性。S12708 支持不间断转发,提供毫秒级的切换时间;S12708 能够在不重启设备的前提下,通过热补丁技术,在线修改软件 BUG,增加新的业务特性。通过热补丁技术,降低了设备需要重启的次数,为客户提供更长的网络正常工作时间。这些使得以 S12708 系列交换机为核心的骨干网络可靠性大大提高,保障了业务的永续性。

控制中心核心交换机同时需要和其他系统建立连接,为了保证网络的安全性,在出口部署一台华为公司的 USG6620-AC 防火墙。USG6620-AC 采用高性能多核 CPU 架构,除了提供传统防火墙/VPN 功能外,还将 IPS 入侵防护/病毒防护/URL 过滤/垃圾邮件防护/P2P 流量整形等安全功能完美整合在一起。华为公司的 USG6620-AC 产品不仅能够全面有效地保证用户网络的安全,还可以帮助用户避免部署多台安全设备所带来的运营成本和维护复杂性问题。

PIS 系统还需要和 Internet 进行互联。本次在互联网出口配置了 1 台华为公司的 NE20E-S8 路由器,它可以固定提供 2 个 10/100/1000M 接口,另外还能提供 4 个 SIC 插槽和4个MIM插槽，包转发性能可达300k pps。NE20E-S8提供了丰富的安全功能，包括Firewall、IPSec VPN、MPLS VPN、CA、Secure Shell（SSH）协议2.0、入侵保护、Dodos防御、攻击防御等。

车站、车辆段和停车场使用华为公司的S5700。它可以提供48个10/100Base-TX以太网端口，4个1000Base-X SFP千兆以太网端口（可查光模块和电模块）。S5700具备完备的三层功能，支持RIPv1/v2、RIPng、OSPFv1/v2、OSPFv3、IS-IS、IS-ISv6、BGP、BGP4＋for IPv6等路由协议，支持PIM-SM/DM、MSDP等组播路由协议。

线网/线路控制中心核心交换机S12708具备关键部件冗余设计，具有双主控、双风扇和双电源，降低单点故障概率，提高子网络的可靠性。控制中心核心交换机使用千兆接口连接到MSTP传输系统。

控制中心/临时控制中心通过USG6620-AC防火墙和NE20E-S8路由器实现和Internet的互联。

2.8.2　乘客信息系统功能

1. 信息管理

(1)本地素材下载

所有的信息（ATS、视频、电视台信息、广告信息及其他所需的图文信息）在中心子系统进行统一采编、统一管理及任意修改终端显示屏内容并设置相应的信息源设备。实时性信息能通过传输系统的以太网由控制中心向各车站同时实时广播传送。中心机房设置信息采编设备实现集中上载。由于各个站点出于个性化播出的考虑，不但要播出控制中心传来的视频信号而且还要定期播放本站的素材，在夜间停播的时候，中心服务器会自动将素材归档，并通过以太网传递到相应的各站点，需要采取各个站点分时段的下载方式，通过程序各个站点只下载自己需要的素材，以减少对资源的占用，下载时间为夜间停播后。

(2)数据的共享

需要播出的信息存放在控制中心的中心数据库中，各站点和运营列车定期通过网络访问数据库以获取各站需要的信息，如公告信息、ATS列车运行信息。各站点只能访问自己存在数据库中相应的信息。另外为防止以太网发生故障，各站点在读取网络数据的同时也要将相应的信息实时更新到本地数据库内。车站LCD播放控制器读取数据库信息进行播出，在紧急情况下也可以手工输入信息进行播出。

2. 数据广播

(1)视频广播

各站点除了播出本站其个性化的视频，在特殊情况下还需要接收控制中心传来的数字视频广播,本地视频的播放由 LCD 播放控制器进行。控制中心传来的 TS 码流经 LCD 播放控制器进行处理和实时播出,并进行列车运行时间和站内文字信息的叠加播出。

(2)音频广播

车站乘客信息系统音频由 LCD 播放控制器输出后直接连接到 LCD 显示屏音箱进行播出,音量由站内广播系统进行控制,站内 PA 广播系统具有优先权,即站内需要人声广播时将乘客信息系统的音量降低。音量可以由中心操作员工作站进行控制。

(3)视音频传输流程

车站子系统是资讯发布的终端,通过 LCD 显示屏向乘客发布资讯信息。LCD 播放控制器作为整个乘客信息系统信息发布的核心设备,工作流程是对从中心传送下来 TS 流,通过 LCD 播放控制器处理模块将图文信息和视频信息进行混叠,画面的分割以及播放信息的时间依照从控制中心获得的模板和播表处理后,根据需要,控制器可实现视频信号的缩放,并与文字、图形和其他信息合成后可在 LCD 显示屏进行显示,LCD 播放控制器的视频输出采用 HDMI 方式。

(4)视频信号的站内传输

LCD 播放控制器安装在车站通信机房的机柜内,而 LCD 屏安装在车站站厅、站台和各个出入口,视频传输距离较远。系统方案设计采用光纤作为视音频信号的传输标准。车站视音频信号的传输采用光传输技术,从车站设备机房的 LCD 播放控制器到站台或站厅上的 LCD 屏传送光信号,光纤传输具有无损传输,传送距离远等特点。同时,视频分配转换器能够将光信号进行再传送,光信号能够以无损的质量传送到下一级视频转换分配器。

(5)屏蔽门显示屏功能要求

在半高安全门固定侧盒上设置 LCD 媒体显示屏,每侧设置 12 块,通过乘客信息系统(PIS)网络发送视音频信号到播控主机(屏蔽门专业提供),然后由上、下行播控主机(屏蔽门专业提供)分别控制所管辖的 LCD 显示屏,PIS 系统提供的 LCD 屏播控主机负责高架车站两侧站台 LCD 屏画面显示及状态维护,并能反馈故障信息及发送来自 PIS 系统的控制指令。

LCD 显示屏可显示不同的各类信息,例如文字、图片、视频信息、流媒体信息、列车服务信息、乘客引导信息、商业广告信息、一般站务信息及公共信息、多媒体时钟等。在版式切换过程时,LCD 显示屏不会被灼伤,实现其画面的平滑、无停顿、无闪烁、无黑屏。在播放信息出现异常情况下,可进入“安全模式”,也可以显示“欢迎乘坐温州市轨道交通”欢迎语等。

LCD 媒体显示屏与 PIS 的接口:屏蔽门系统与通信系统乘客信息系统接口分界在屏蔽门/安全门控制室乘客信息系统 LCD 播放控制器输出端,接口形式为 HDMI 接口。屏蔽门系统负责从 LCD 播放控制器输出端引线至 LCD 屏;通信系统负责将 LCD 播放控制器安装在屏蔽门/安全门控制室，并提供 HDMI 信号。

2.8.3　乘客信息与其他系统接口

具体内容见表 2.3。

表 2.3　乘客信息与其他系统接口

系　　统	接口类型	接口作用	接口位置
广播(PA)系统	RS-232	联动(列车广播响起时 LCD 屏会静音)	各车站 PIS 模块
时钟系统	RS-422	提供统一时间	OCC 一级母钟
电源系统	电源线	供电	各车站交流配电柜
ATS	干接点	提供列车到站信息	控制中心
ISCS	以太网口	火灾联动	各车站 ISCS 机柜 FEP
站台门	HDMI	提供 LCD 视频源	车站站台门控制室

2.8.4　终端设备

1. LCD 播放控制器

车站 LCD 播放控制器主要负责从本车站服务器接收模板文件、媒体文件以及播放列表，经过合成解码后控制 LCD 显示屏的播放。该设备主要的接口有两个 USB 接口、两个 HDMI 接口、两个 COM 接口、两个网口、四个 USB3.0、SPK/MIC 口、电源口。

2. 视频转换分配器

视频转换分配器(发端)负责将播放控制器输出 HDMI 的视/音频信息转换成光信号，经光缆传输至终端视频转换分配器(收端)，将光信号还原成 HDMI 信号后，输出给终端显示屏，由终端显示屏进行播放。

3. KVM 显示器

KVM 是工作站的监视器和键盘，可以通过操作 KVM 下发紧急信息，KVM 需和接口适配器配合运行，接口适配器是 KVM 的主机。

4. LCD 液晶显示屏

站台：LG47 英寸，站厅：LG55 英寸，每块 LCD 屏内置视频转换分配器(接收端)，将光信号还原为 HDMI 信号。LCD 显示分 4 个分区，中间显示视频的是视频区，底边的滚动栏是滚动消息，左边分成 ATS 到站信息区和左上角的 LOGO 显示区域。

5. 出入口 LED

用于显示时间信息，从机房 PIS 交换机出网线经过光转，把电信号转换成光信号，再由光纤从机房接至 LED 终端，在终端处又利用光转将光信号还原为电信号，最后以网线接入 LED 主机。

6. 查询机

提供车站自助查询服务，机房 PIS 交换机出网线经过光转，把电信号转换成光信号，再由光纤从机房接至查询机终端，在终端处又利用光转将光信号还原为电信号，最后以网线接入查询机主机。

2.9 光 电 缆

在通信传输中以多根铜导体作为信息传导材料的线缆，即称为电缆。虽然目前轨道交通有线通信的主流传输媒介是光纤光缆，但通信电缆仍在使用，尤其是在靠近用户终端的最后 500～1 000 m 内。

2.9.1 通信电缆结构

1. 电缆芯线线径

电缆芯线由纯电解铜制成，一般为软铜线，目前我国小同轴综合电缆对称组线径的标称线径采用 0.9 mm，信号线对采用 0.6 mm 铜线芯径。

2. 电缆绝缘方式

以前采用的是纸绳绝缘，现在大部分采用泡沫聚乙烯绝缘。

3. 电缆内护套

可采用铝、铅材料。由于铝的比重比铅小，可大大减轻电缆的重量，而且铝的导电率比铅大 7～8 倍，对外界电磁场干扰的防护性能好，特别是铝具有较好的密封性能，因此一般以铝代铅制造电缆内护套。

但是铝的可塑性较差，因此弯曲半径不允许太小，焊接也比较困难，故对施工要求严格。在非电气化区段不需要钢带铠装时，一般在铝护套外面增加半密封塑料护层为防腐层，可大大降低腐蚀，增加电缆的防振性能。

4. 电缆外护层

可分为一级外护层和二级外护层。一级外护层是指它所起到有效保护的仅仅是里面的金属护套，通常以 11、12、13 等表示。编号 22、23 等代表二级外护层，它不仅保护里面的金属护套，而且保护外面的铠装层，免受酸、碱、盐等腐蚀。

5. 漏泄同轴电缆结构

漏泄同轴电缆是一种传输线，外导体用皱纹铝管，内导体可用铝管或软铜轴线单线，并且在同轴电缆的外导体上，沿纵向周期性地设置具有电波漏泄作用的一定形式的槽孔，最常见的槽孔形状为八字形，使得在电缆内部传输的电磁能的一部分作为电波均匀地向外部辐射，从而成为一种传播媒体。当漏泄同轴电缆沿隧道壁敷设时，其漏泄形成的电磁场很容易与机车台垂直振子天线相耦合，机车台可以接收到漏泄的电磁波，反之机车天线辐射的电磁波也容易被漏泄同轴电缆耦合接收，这样就可以在隧道内构成场强连续覆盖的通信系统。

2.9.2　漏泄同轴电缆的分类

1. 分段漏泄型

电缆每隔一定距离在外导体预先开口，分段的距离使电缆在某一频带内的线路损耗最小，并可随着电缆线路损耗的增加而增加开口数量，即不断增加漏泄量，从而增加传输距离。

2. 放射型

电缆外导体预先等间隔开口，开口的间隔约等于1/2个工作频率波长，而且信号辐射的方向与电缆轴心垂直，使得耦合损耗在某一频段内保持稳定，适用于800～2 200 MHz频段。

3. 耦合型

在低损耗电缆的介质与外导体上进行连串相同的开口或开槽，在GSM和DCS频段性能良好，专门用于室内覆盖系统。

2.9.3　漏泄同轴电缆的漏泄原理

当在漏泄同轴电缆内、外导体之间加上信号电压时，在内、外导体上将有电流流动。然而在外导体上由于开有槽孔，电流的分布将发生变化，伴随着这种变化，电磁场将从槽孔漏泄出来。

1. 耦合损耗测试

采用振荡器通过馈线给漏泄电缆馈电，并且通过接入超高频毫伏表使其输出保持不变。被测电缆直线敷设在空地上，终端接50 Ω匹配负载。电缆的漏泄电平用场强仪测试并记录。场强仪的测试天线是标准的对称偶极天线，天线装在小车上可以沿着电缆移动，天线和电缆之间的距离保持为1.5 m。天线应对准电缆的槽孔方向，并和电缆的轴线方向相垂直。

2. 电压驻波比(VSWR)测试

测试采用扫频法。在测试时，被测电缆的始端与频率特性测试仪相连接。当漏泄电缆终端开路时,电缆处于全反射状态,在测试仪表示波屏上会出现谐振的波形,将波形高度调节为一定值 X,然后将电缆终端接 50 Ω 匹配负载,测出其波形高度。

2.9.4 电缆线路故障处理

1. 故障现象

(1)线路有地气、碰线、混线,而且故障发展迅速,先后使电路发生中断。

(2)突然中断通信,用兆欧表测试时,电缆内有断线,也可能有碰线、混线,或这些故障现象同时存在。

(3)个别线对有碰线、混线、地气或断线。

2. 故障原因

(1)人为造成的故障

电缆接续时,因粗心造成破坏芯线绝缘或芯线扭伤,使包扎时断线;电缆封焊时,因焊接不严密,造成砂眼、裂痕,或者放置接头、覆土等造成焊头根部折裂而渗水;在其他施工中,因违章操作,用机械掘土、打桩造成线路故障。

(2)自然故障

电缆遭土壤和电解腐蚀;遭雷击而使铅护套烧损,芯线烧断,绝缘击穿等;河水冲刷,河床不稳,造成塌方损伤电缆;因鼠啃咬以及地震和各种车辆振动造成电缆故障。

(3)其他

终端配架、分线设备等维护操作不细心,造成地气、碰线、混线以及断线等。

3. 故障处理

排除直埋电缆故障,既要迅速,又要确保质量。要贯彻“先主后次,先通后整”原则,用最佳方案处理故障。

(1)凡浸水少、影响小的电缆故障,可按下列步骤进行修复。

①开挖清理作业坑,低洼水位高的地段还要做好排水准备工作。

②开剥电缆外护套,将故障处的电缆护层剥开,使受潮芯线暴露出来,做好排潮修复工作。

③做好测试检查工作。当故障排除无误后,用剖式铅管封焊。然后用细土填入 20 cm 左右,盖上红砖,再覆上土,立标桩。

(2)凡浸水多、影响大的电缆故障,根据浸水长度,采用换一段电缆的方法处理,具体方法如下:

①确定改接点。

从查到的故障点开始,往浸水两端电缆延伸开挖,同时开剥护层检查电缆受潮情况。如浸水严重,也可隔段开挖,开剥寻找电缆干燥处。电缆受潮部分,绝缘性能被破坏应改接掉。改接点选择确定后，应开挖并清理接头坑、电缆沟，尽力确保修复工作的方便、安全和可靠。

②做好改接前的准备工作。

③根据故障电缆长度，割取所需型号和长度的电缆，并进行电气性能和气压的测试工作，确保新放电缆的质量。符合要求的新电缆，可迅速敷设或者临时布放。

④改接电缆。

⑤一旦渗水严重，旧电缆无法区别线对时，可切断故障电缆，两接续点分别与两终端对号和编对，然后改接电缆。个别线对不易区别时，也可采用三用表电阻挡配合区别线对。

(3)测试检查工作。

(4)改接工作完毕后，通过测量台对用户试线工作，并作绝缘鉴定工作，无误后，填细土，盖红砖和覆土工作，无标记处，还应在接头处立标桩(也称标石)。此外，应进行全面电气测试、记录、存档，以备日后维修检查对照。气压维护的电缆，应充气，并做好保气工作。

第3章 城市轨道通信系统维护

城市轨道交通通信系统的任务是建立一个链路网，确保为轨道交通运营提供稳定、安全、有效的传输服务，给旅客提供信息服务，并且保证中心对设备运行情况、车站运营情况能进行远程监控和操控。

通信系统不是单一的子系统，而是由多个独立的子系统组合而成。这些子系统互相之间可协调工作，在不同的运营环境下各系统之间可互联互通。通过集中网管可以对各自子系统内的故障进行检测和告警，并可将不同子系统的告警信息汇聚到中心统一进行管理，从而确保整个通信系统的可靠性。

虽然轨道交通通信系统自身具有强大且及时的告警监控功能，但轨道交通通信设备安全、可靠、经济运行的关键在于设备管理及维护人员对通信设备有计划地、科学合理地运行和维护。一支专业的、技术能力过硬的维保队伍是通信设备安全稳定运行的人才队伍保障。为了确保各项维修工作任务能够有计划、有序、有效地进行，科学的组织是通信设备安全稳定运行的制度保障。

城市轨道交通通信维修主要采取预防性维护为主、状态维修为辅的方式进行维修组织。各系统需按照维修规程合理安排年度检修计划和月度检修计划，实现重点设备重点修、重要设备集中修、一般设备普遍修，确保设备质量的可靠性、稳定性。通过优化完善技术指标和维修程序，开展“自检、互检、专检”，保证设备维护质量。

通信设备维护工作在提高设备可靠性的基础上，利用通信各系统自身的检测、监测功能和集中告警系统集中监控的方法，实现状态修、计划修、故障修相结合的维修模式，做到早发现、早排除、早治理，逐步实现以状态修为主的维修模式。

通信设备维护工作坚持安全为首、实事求是、高水平、严要求的原则，根据设备使用寿命标准、设备技术状态、变化规律和磨损程度，做好更新改造和维修专业管理工作，保证通信设备符合技术标准，性能良好、质量稳定、安全可靠地运用。通信设备维护工作应实行安全生产责任制、岗位责任制和质量验收制，以安全管理为核心，以计划管理、质量管理、技术管理和设备管理为重点，采用先进管理手段，形成科学的管理体系，安全、优质、高效地组织生产。

通信设备维护工作必须树立全程全网的观念，实行统一指挥、分级管理、分工负责、密切协作的制度，全面做好各项基础工作，不断提高维护管理水平。

通信设备技术更新应坚持有利于安全可靠运用、有利于现场维护管理、有利于通信技术进步的原则，严格执行国家技术装备政策，做到制式统一、标准统一、接口统一，以实现互联互通、信息共享和统一管理。

3.1 传输系统维护

传输系统担负着通信各子系统、信号、电力监控、自动售检票、环境监控和防灾报警等众多控制系统的信息传送任务，必须时刻保证网络的正常运作。

传输系统外部接口多，属于整个通信系统的骨干，是整个通信网络的基础。因此系统的运行管理一方面包括使用人员的日常使用及必要的维护，另一方面维修人员应该采取计划性维修与故障修相结合的维护模式，保证设备良好状态。

3.1.1 传输系统设备维护项目

通信系统的计划修以采用预防性检修管理为主，分为巡检、月度检修、年度检修三个等级。一般情况下，高一级维检修应包含低一级维检修的项目，具体维护项目见表3.1。在安排维检修工作时应做好合理的计划，避免在短期内重复执行雷同的维检修作业。

表3.1 传输系统设备维护项目

检修规程	序号	检修内容	检修方法	评定标准	周期
巡检	1	设备机柜、设备表面卫生状况	现场手动清洁	设备机柜内、外和设备表面清洁无积尘	日
	2	设备状态显示是否正常	网管进行全线设备状态巡视 现场进行本地设备状态巡视	网管状态：全线设备工作正常，无告警 本地状态：设备指示灯运行正常，无故障灯	
	3	检查设备机柜是否有异味、风扇是否正常	现场巡视检查	无异味，风扇工作正常，目视无卡顿、无异响	
	4	检查杆件、紧固件、螺丝	现场巡视检查(需要时进行紧固)	杆件、紧固件、螺丝无松动	
	5	开站前例行检查	网管进行全线设备状态巡视	根据网管状态判断	

续上表

检修规程	序号	检修内容	检修方法	评定标准	周期
月度检修	6	检查配线、连线是否良好，线缆是否脱落，孔洞封堵情况	现场手动紧固、封堵	机柜线缆完好无破损 ODF架内尾纤完好无破损 MDF架内传输配线无脱落 孔洞封堵完好	月
	7	检查杆件、紧固件、螺丝紧固状态	现场手动紧固	所有杆件、紧固件、螺丝均无松动	
	8	检查设备机柜接地线及接地排	现场目测检查、手动紧固	地线固定螺丝牢固，无生锈 接地排固定紧固	
	9	检查主设备运转是否正常，有无异响，风扇卫生状况	现场目测、耳听辨别、手动清洁	设备运行正常 设备风扇转速正常、无积灰	
	10	检查传输设备的电源模块	手动测量	正常电压为−48 V～−57 V	
	11	防尘滤网清扫状况	现场拆卸防尘滤网进行除尘	防尘滤网无积灰	
	12	勤务电话功能测试	现场拨打测试	能够正常通话	
	13	核对系统时间	通过与时钟系统进行核对	系统时间与时钟子系统保持一致	
	14	网管服务器状态指示灯检查	现场巡视检查	各指示灯运行正常	
	15	工作站软件运行状态检查，并重启	现场巡视检查	工作站工作稳定，无异响 工作站重启后工作正常，软件能够正常登录，各项功能正常	
年度检修	16	设备的深度清洁状况	现场手动清洁	设备及板卡干净无积灰	年
	17	主备用设备或板卡倒换	现场进行设备及板卡的倒换	可以正常倒换	
	18	测试备用光纤的状态，并清洁尾纤	用光源和光功率计测试备用光纤的光功率损耗 用压缩空气清洁尾纤端头	每盘光纤抽测2芯备用进行测试，满足以下指标： 损耗值不大于0.34 dBm/km 总衰耗值小于−6 dBm 尾纤洁净	
	19	以太网端口测试(备用)	现场联合网管测试检查	将以太网测备用端口业务通道打开，进行环回测试，端口功能正常	
	20	2M误码率测试(备用)	网管进行测试	插入告警或误码，查看对端站点是否收到相应告警或误码，要求误码测试达到正常要求	
	21	查看全线网光功率	网管系统进行查看	通过U31网管检查并记录光板的收发光功率，光功率达到正常指标大于等于−7 dB	

续上表

检修规程	序号	检修内容	检修方法	评定标准	周期
年度检修	22	网管服务器检测、软件升级及系统维护重启，并备份网元数据（三备份）	检查服务器运行指示灯 检查服务器运行声响 检查软件系统运行情况 将备份文件从服务器拷出统一存放至传输网管工作站F盘“数据备份”文件夹，防止服务器异常导致数据丢失	无告警指示灯 后台进程正常运行，正常登录 网元数据备份成功	年
	23	检查磁盘存储状态	网管工作站进行查看	查看各盘的内存大小，若内存超过80%，用专业存储设备进行备份并清理	
	24	全网性能分析	网管工作站进行分析	通过U31网管检查各站各设备、单板历史告警信息及历史网络性能，对传输系统进行系统性检查及分析，全网无隐患	

3.1.2 传输网管操作

1. 传输网管是进行设备例行维护的重要工具。为保证设备的安全、可靠运行，设有网管系统站点的维护人员应每天通过网管对设备进行检查。网管的例行维护项目包括以下内容。

(1)以低级别用户身份登录网管；

(2)网元和单板状态检查；

(3)告警检查；

(4)性能事件的监视；

(5)保护倒换检查；

(6)查询操作日志；

(7)单板配置信息的查询；

(8)网元数据库备份；

(9)网管数据库的维护；

(10)网管计算机硬件和软件平台的维护；

(11)启动、关闭网管系统；

(12)通过网管应能正常登录管理域中的所有网元；

(13)所有网元的状态应为“运行态”；

(14)在网管板位图中，所有单板应为开工状态，不应该有单板不在位告警；

(15)例行维护中的告警设置。

2. 传输系统网管服务端

(1)启动网管服务端，单击[开始→程序→NetNumen 统一网管系统→NetNumen 统一网管系统控制台]，如图 3.1 所示。

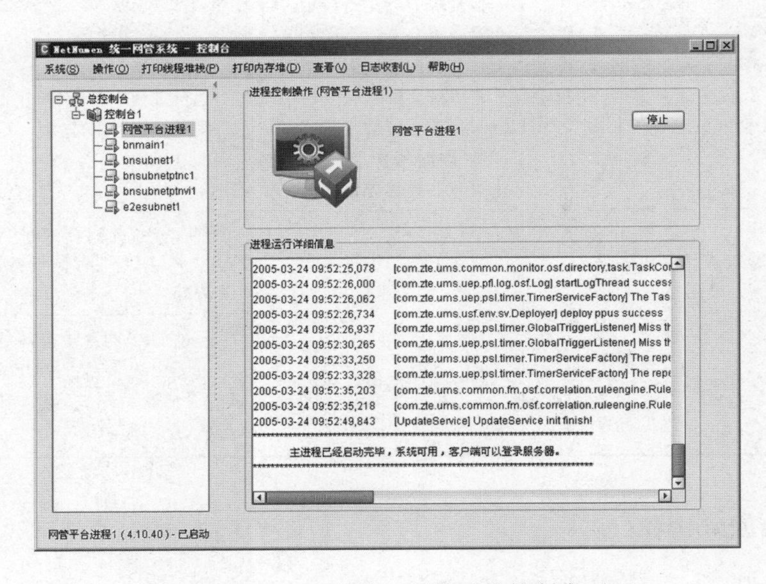

图 3.1　NetNumen 统一网管系统控制台页面

(2)在 Windows 操作系统中，单击[开始→程序→NetNumen 统一网管系统→NetNumen 统一网管系统客户端]，弹出登录对话框，如图 3.2 所示。

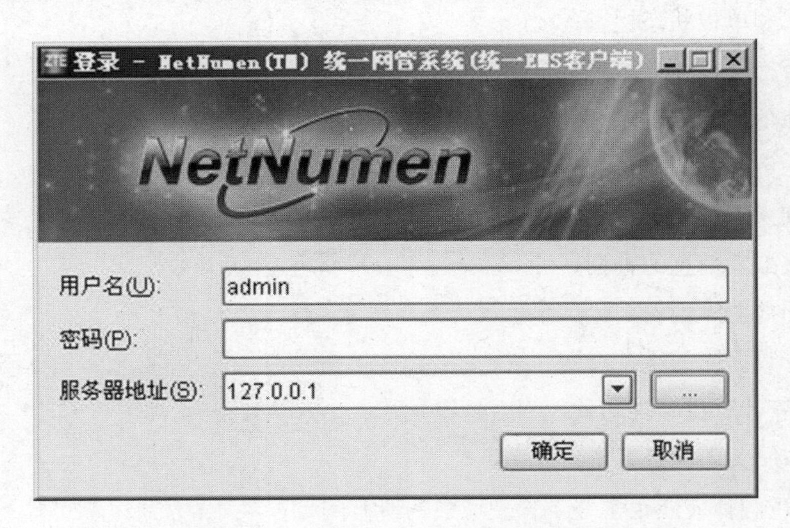

图 3.2　NetNumen 统一网管系统客户端登录页面

(3)传输系统 U31 网管平台

在门户界面的客户端区域，单击系统，进入系统管理界面。

在门户界面的客户端区域，单击告警，进入告警管理界面。

在门户界面的客户端区域，单击性能，进入性能管理界面。

在门户界面的客户端区域，单击维护，进入日常维护界面。

传输系统 U31 网管平台页面如图 3.3 所示，区域 1 为车站网元树形图，区域 2 为车站拓扑图，区域 3 为网元监控告警区域，若传输系统出现故障，区域内伴有声光告警。

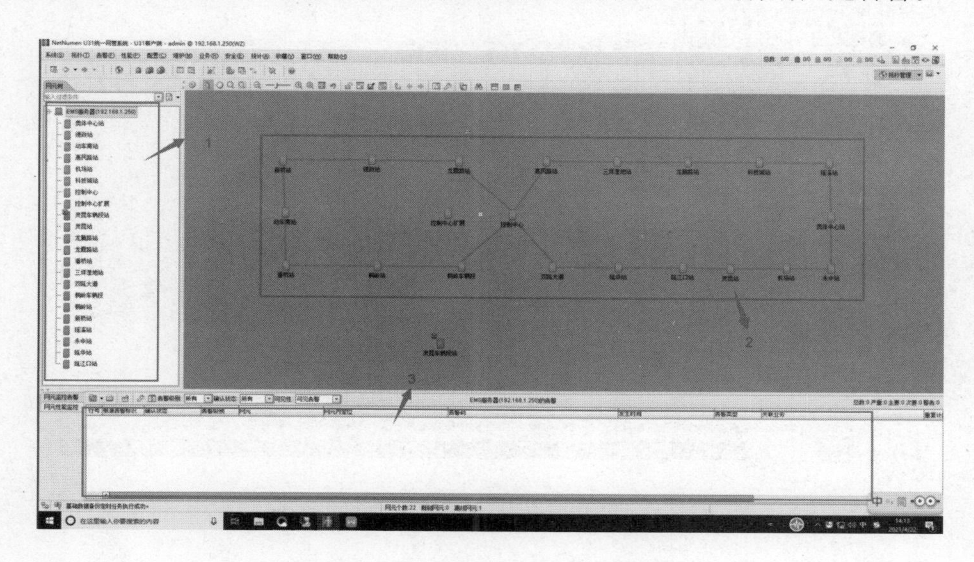

图 3.3　传输系统 U31 网管平台页面

(4)传输系统 U31 网管单站机架图，如图 3.4 所示，显示此车站传输系统设备板卡状态及槽位。

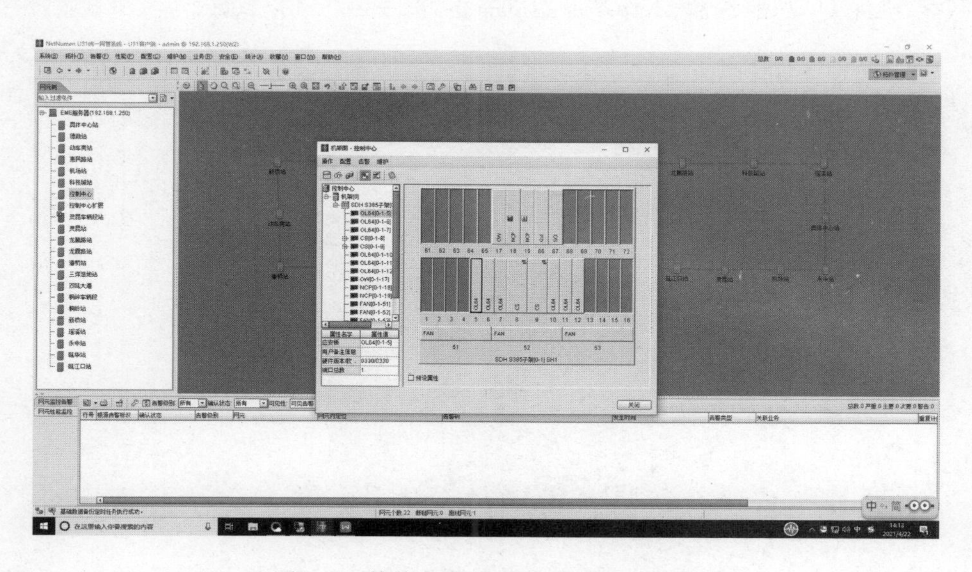

图 3.4　传输系统 U31 网管单站机架图

(5)传输系统 U31 网管告警查询

在门户界面的客户端区域,单击告警,进入告警管理界面,如图 3.5 所示。可针对发生位置、告警码、时间及其他信息对告警进行定位,可查询如最近一小时、一天、一周的当前及历史告警以及一天、三天内恢复的历史告警等。

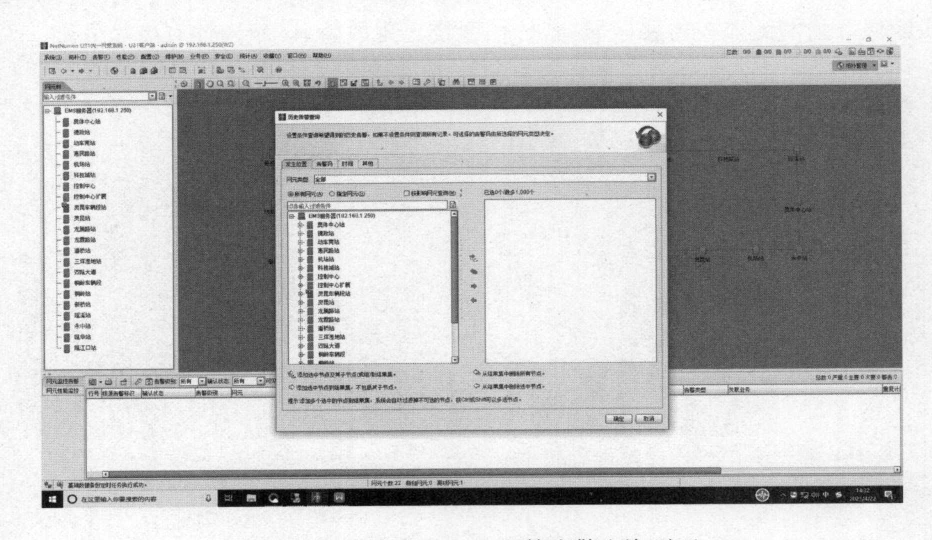

图 3.5　传输系统 U31 网管告警查询页面

(6)传输系统 U31 网管备份及恢复

软件可对网管系统配置数据、日志、告警及性能进行备份与恢复,防止异常情况导致的数据丢失,如图 3.6 所示。将网管数据备份,并将备份文件从服务器拷出统一存放至网管工作站 F 盘(确保 U 盘、服务器、工作站 F 盘 3 备份,保存至/备份/数据/××年××月)。

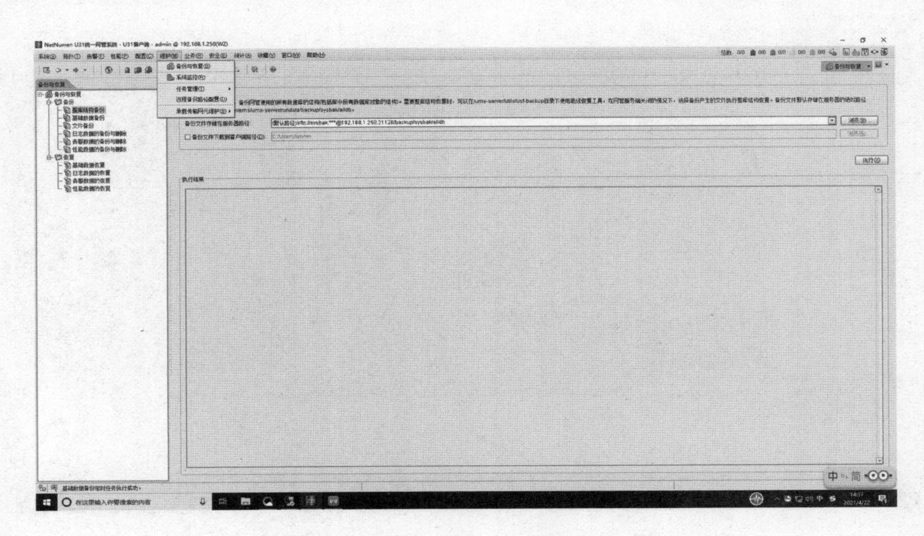

图 3.6　传输系统 U31 网管备份及恢复页面

3.2　时钟系统维护

时钟系统是轨道交通运营能准时服务乘客、统一全线设备标准时间的保证。时钟系统由 GPS 标准时钟信号接收单元、一级母钟、监控设备、二级母钟及子钟组成。

3.2.1　时钟系统设备维护项目

具体维护项目见表 3.2。

表 3.2　时钟系统设备维护项目

检修规程	序号	检修内容	检修方法	评定标准	周期
巡检	1	设备机柜、设备表面卫生状况	现场手动清洁	设备机柜内、外和设备表面清洁无积尘	日
	2	设备状态显示是否正常	通过网管进行全线设备状态巡视 通过现场进行本地设备状态巡视	网管状态：全线设备工作正常，无告警 本地状态：设备指示灯运行正常，无故障灯	
	3	检查设备机柜是否有异味、风扇是否正常	通过现场巡视检查	无异味，风扇工作正常，目视无卡顿、无异响	
	4	检查杆件、紧固件、螺丝	通过现场巡视检查（需要时进行紧固）	杆件、紧固件、螺丝无松动	
	5	检查子钟状态	通过网管检查子钟显示	显示正常	
	6	检查一级母钟、二级母钟时间是否正常	与标准北京时间进行核对	母钟时间与北京时间一致 网页搜索北京标准时间，对母钟时间进行核对，母钟时间能够同北京标准时间保持同步	
	7	开站前例行检查	通过网管平台进行巡视	根据网管状态判断	

续上表

检修规程	序号	检修内容	检修方法	评定标准	周期
月度检修	8	检查配线、连线是否良好，线缆是否脱落，孔洞封堵情况	现场手动紧固、封堵	机柜线缆完好无破损 MDF架内传输配线无脱落 孔洞封堵完好	月
	9	检查杆件、紧固件、螺丝紧固状况	通过现场手动紧固	所有杆件、紧固件、螺丝均无松动	
	10	检查设备机柜接地线及接地排	现场目测检查、手动紧固	地线固定螺丝牢固，无生锈 接地排固定紧固	
	11	检查主设备运转是否正常，有无异响	现场目测、耳听辨别	设备运行正常	
	12	主备母钟倒换	手动倒换	倒换后自动跳至备用，且备用母钟显示正常	
	13	检测母钟时间信息	观察母钟时间显示信息	一级母钟正常接收信源，二级母钟能与一级母钟同步	
	14	检查子钟状态	通过本地巡视检查子钟显示是否正常	显示正常	
	15	检查清洁网管工作站，并重启网管工作站	手动检查清洁网管工作站并进行重启	网管工作站无异常干净，重启后设备性能正常，可正常登录软件	
年度检修	16	设备的深度清洁状况	现场手动清洁	设备及板卡干净无积灰	年
	17	测试二级母钟与一级母钟连接情况	通过现场操作进行测试	1. 断开时钟信号源(来自一级母钟)一天，母钟能够依靠铷钟独立保证精准计时； 2. 在恢复时间信号源后能够重新接收时钟信号并马上进行同步	
	18	GPS接收机检查	现场检查	天线固定牢固，无破损 正常接收GPS卫星时间信号，并下发给母钟校时	
	19	控制中心一级母钟与各系统时间校时测试	调快一级母钟时间5 min，检查各系统服务器同步情况。30 min分钟后调回检查各系统服务器同步情况	网管终端查看服务器系统时间同时钟系统时间一致，且将网管终端电脑系统时间调慢5 min后，系统时间能够正常同步	
	20	测试其他系统时间校时信号	检测校时信号输出	其他系统能正常接收到时钟信号并校时	
	21	查看PTP服务器	通过现场巡视进行检查	1. PTP服务器正常运行，各软件功能正常； 2. 将服务器备份，并将备份文件从服务器拷出统一存放至时钟网管工作站，防止服务器异常导致数据丢失。(U盘、服务器、工作站F盘3备份，保存至/备份/数据/××年××月)	
	22	服务器(录音、网管、调度)、网管软件升级及系统维护、重启	检查服务器运行指示灯 检查服务器运行声响 检查软件系统运行情况	无告警指示灯 无告警声响 后台进程正常运行，正常登录	

3.2.2　时钟系统网管操作

在控制中心设置时钟系统监测管理终端即中心监控计算机，可进行系统性能管理、配置管理、故障管理、安全管理。监控界面采用全中文图形显示，并具有良好的人机对话界面以及优良的开放性和可扩充性，能很方便地对需要显示的二级母钟和子钟的数量进行更改，具有集中维护功能和自诊断功能。

时钟系统网管登入界面，有三种登录身份供选择，每种身份设置有不同的使用权限，并可以设置 10 个用户名和口令，如图 3.7 所示。

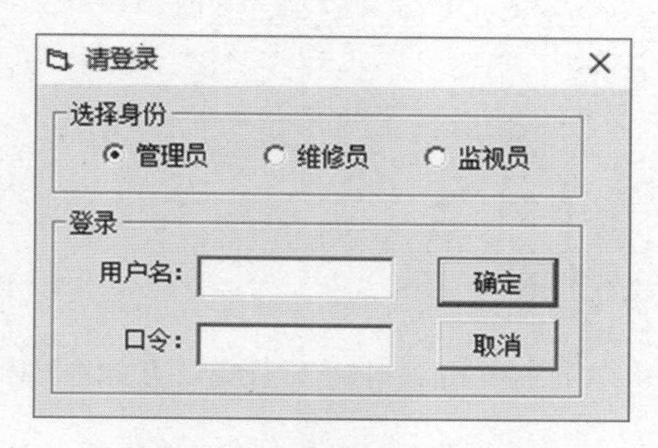

图 3.7　时钟系统网管登入界面

中心监控计算机能实时检测一级母钟、二级母钟、标准时间接收单元、子钟等设备的运行数据、工作状态，并能进行相应的显示。对时钟设备发生的故障状态进行声光报警，并能对故障记录和操作日志进行显示、打印、存档，如图 3.8、图 3.9 所示。

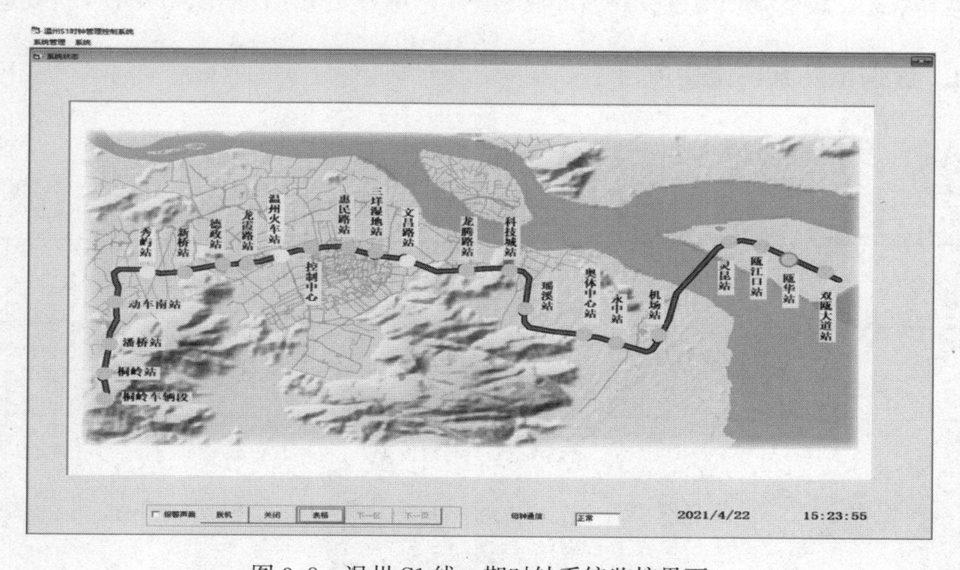

图 3.8　温州 S1 线一期时钟系统监控界面

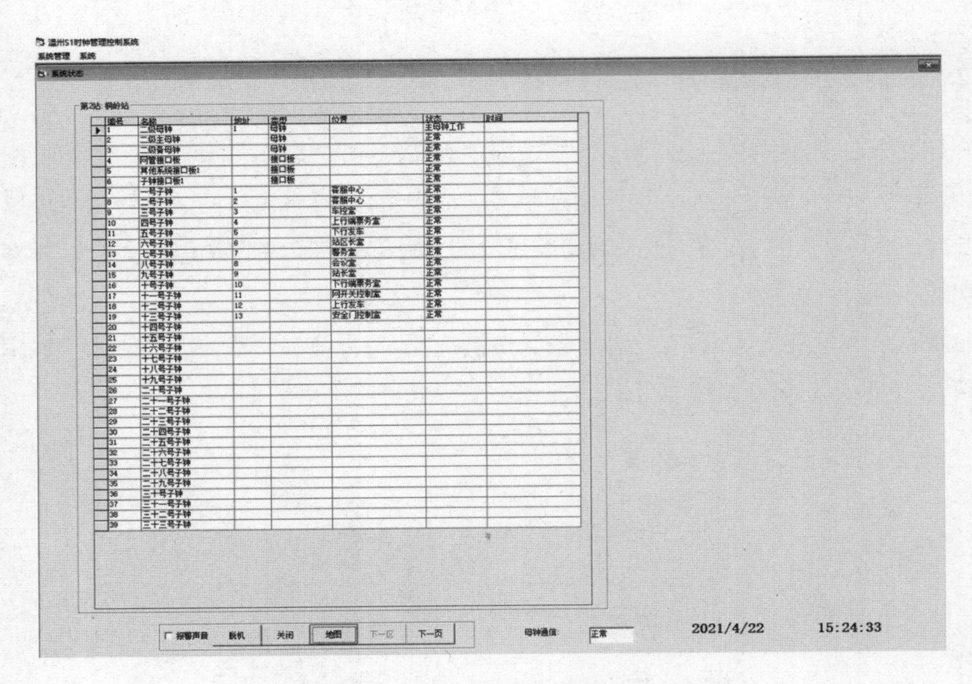

图 3.9　温州 S1 线时钟管理控制系统状态界面

3.3　通信电源系统维护

根据 UPS 系统运行特点，一般采用计划性维修与故障处理相结合的维护模式，以保证设备良好状态。设备维护与故障处理过程中要严格遵守安全生产制度和技术安全规定。

3.3.1　通信电源系统维护项目

具体维护项目见表 3.3。

表 3.3　通信电源系统维护项目

检修规程	序号	检修内容	检修方法	评定标准	周期
巡检	1	设备机柜、设备表面卫生状况	现场手动清洁	设备机柜内、外和设备表面清洁无积尘	日
	2	设备状态显示是否正常	通过网管进行全线设备状态巡视 通过现场进行本地设备状态巡视	网管状态：全线设备工作正常，无告警 本地状态：设备指示灯运行正常，无故障灯	

续上表

检修规程	序号	检修内容	检修方法	评定标准	周期
巡检	3	检查设备机柜是否有异味、风扇是否正常	通过现场巡视检查	无异味，风扇工作正常，目视无卡顿、无异响	日
	4	检查杆件、紧固件、螺丝	通过现场巡视检查(需要时进行紧固)	杆件、紧固件、螺丝无松动	
	5	查看电池	检查电池的极柱、安全气阀周围是否有酸雾溢出； 检查电池壳体有无渗漏和变形，电池有无过热	电池无异味，无破损 电池的极柱、安全阀周围无酸雾溢出 电池壳无渗漏和变形，电池无过热现象	
	6	开站前例行检查	通过网管平台进行巡视	根据网管状态判断	
月度检修	7	检查配线、连线是否良好，线缆是否脱落，孔洞封堵情况	现场手动紧固、封堵	机柜线缆完好无破损 MDF架内传输配线无脱落 孔洞封堵完好	月
	8	检查杆件、紧固件、螺丝紧固状况	现场手动紧固	所有杆件、紧固件、螺丝均无松动	
	9	检查设备机柜接地线及接地排	现场目测检查、手动紧固	地线固定螺丝牢固，无生锈 接地排固定紧固	
	10	检查主设备运转是否正常，有无异响，风扇卫生状况	现场目测、耳听辨别、手动清洁	设备运行正常 设备风扇转速正常、无积尘	
	11	检查高开防雷单元	通过现场巡视	防雷单元无变色、无异味	
	12	对电源系统网管终端工作站进行重启	手动重启	终端工作站重启后软件可正常登录，各项功能均正常	
	13	查看系统时间同时钟系统是否同步	通过现场巡视	系统时间与时钟系统同步	
年度检修	14	检查高开内各部件卫生状况	在电池供电状态时对高开内设备(整流模块，监控模块表面，交流配电部分)进行清洁	各部件整洁干净，无积尘	年
	15	检查高开配电开关情况	通过现场巡视	带载空开处于闭合状态 各输出支路电压正常 支路电压：DC－42～－58 V	
	16	交流配电屏至各负载的电压测量	用仪表测量交流配电屏到各负载电压	各负载电压正常 负载电压：AC 217.8 V～222.2 V	
	17	UPS旁路切换测试	切换UPS旁路，检查旁路供电是否正常	旁路供电功能正常，UPS面板指示灯显示正常	
	18	维修旁路状态下UPS内部清洁状况	将UPS开到维修旁路状态，UPS掉电后对其内部进行深度清洁	UPS内部干净清爽，UPS风扇无积灰，干净整洁	

续上表

检修规程	序号	检修内容	检修方法	评定标准	周期
年度检修	19	UPS由维修旁路切换至静态旁路	对UPS清洁完成后，将UPS切换至静态旁路状态	UPS能够正常由维修旁路切换至静态旁路，且在静态旁路状态工作稳定	年
	20	UPS由静态旁路切换至主路逆变	UPS在静态旁路状态工作稳定后(静态旁路指示灯绿色常亮)，将UPS切换至电池供电状态	UPS由静态旁路能够正常切换至主路逆变状态，且在主路逆变状态工作稳定	
	21	蓄电池充放电测试	对蓄电池进行充放电，并通过万用表查看其电压是否正常	充放电测试结束后，蓄电池电压正常	
	22	电源系统网管终端	清洁网管终端 检查维护终端连线(需要时进行更换) 查看全线UPS工作状态 查看网管终端故障信息 与时钟系统进行校时	网管终端设备外表整洁干净 网管终端工作正常，网管软件处于在线监控状态 全线UPS处于主路逆变状态，运行正常 网管终端无转旁路、过载、故障代码 网管终端与时钟系统保持一致	
	23	网管软件升级及系统维护、服务器重启	检查服务器运行指示灯 检查服务器运行声响 检查软件系统运行情况	无告警指示灯 无告警声响 后台进程正常运行，正常登录	
	24	电源系统网管终端数据备份(三备份)、磁盘空间检查	手动操作	数据备份正常 磁盘空间使用正常	
	25	双电源切换箱倒换测试(配合风水电)	切换双电源切换箱主备电源	备用电源供电正常	

3.3.2 专用通信电源监控系统网管操作

1. 专用通信电源网管登录

UPS网管能在监测主机上显示监测对象的工作状态和告警情况，通过菜单方式可选择显示指定监测对象的工作状态等资料，根据用户权限，系统网管可进行安全管理、用户及网络管理。监控站点信息、实时报警、系统日志及历史报警，存储所有被监控站的详细资料，如设备种类、个数、告警上下限，操作人员随时查阅，对于监控故障，给予明显声光告警，如图3.10、图3.11所示。

2. 查看设备运行状态及参数

点击站点信息可以查看网管监测站点UPS、配电柜、电池温度电压等参数信息，可将车站、控制中心、车辆段电源设备的状态信息和告警信息，通过传输系统送到电源监控网管统计集中监测，如图3.12所示。

图 3.10　专用通信电源系统监控网管登录界面

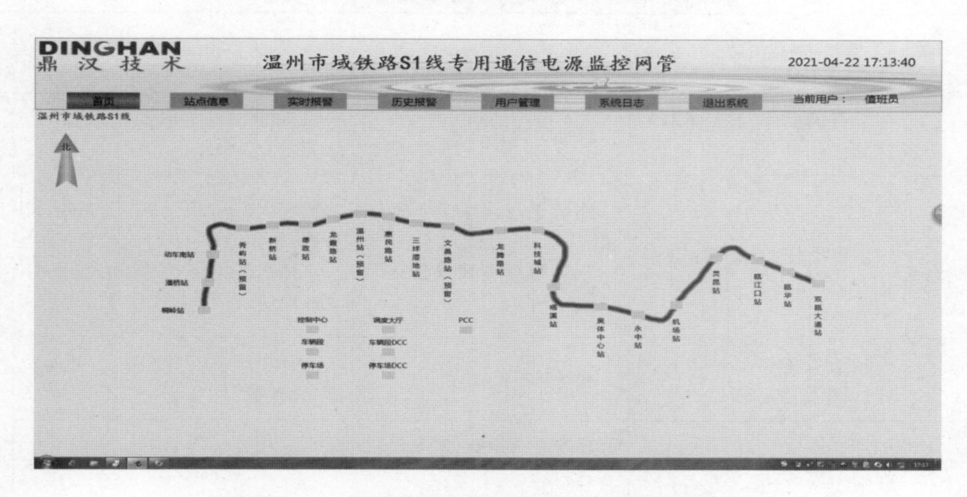

图 3.11　专用通信电源系统监控网管菜单界面

DINGHAN
鼎汉技术
温州市域铁路S1线专用通信电源监控网管
2021-04-22 17:26:22

首页　站点信息　实时报警　历史报警　用户管理　系统日志　退出系统　当前用户：　值班员

控制中心
配电柜
UPS1
UPS2
UPS1电池
UPS2电池
高开
高开电池
参数配置
调度大厅
PCC线网播控中心
桐岭站
潘桥站
动车南站
秀屿站
新桥站
德政站
龙霞路站
温州站
惠民路站
三垟湿地站
文昌路站
龙腾路站
科技城站
瑶溪站
奥体中心站
永中站
机场站
灵昆站
瓯江口站
瓯华站
双瓯大道站
车辆段
停车场
车辆段DCC
停车场DCC

控制中心-UPS1电池信息

UPS1电池组1　正常　告警

序号	电池1	电池2	电池3	电池4	电池5	电池6	电池7	电池8	电池9	电池10	电池11	电池12	电池13	电池14	电池15
电压(V)	13.54	13.52	13.55	13.57	13.56	13.55	13.57	13.50	13.56	13.54	13.52	13.52	13.54	13.51	13.51
内阻(mΩ)	5.01	5.04	3.44	5.08	4.95	4.88	5.02	4.80	5.02	4.94	4.89	5.08	4.88	5.02	5.09
温度(℃)	22.50	22.30	22.40	22.40	22.00	22.40	21.80	22.50	22.20	21.60	21.90	20.90	21.40	21.70	21.50
告警状态															
序号	电池16	电池17	电池18	电池19	电池20	电池21	电池22	电池23	电池24	电池25	电池26	电池27	电池28	电池29	电池30
电压(V)	13.54	13.52	13.52	13.52	13.51	13.52	13.52	13.52	13.53	13.50	13.54	13.55	13.53	13.51	13.50
内阻(mΩ)	5.02	4.99	4.98	4.99	5.12	5.02	5.08	5.05	4.93	5.03	5.06	5.20	4.97	5.01	5.12
温度(℃)	21.70	21.70	22.20	22.00	22.30	22.10	22.20	22.70	22.30	22.80	22.80	22.40	22.70	22.60	22.30
告警状态															

UPS1电池组2　正常　告警

序号	电池1	电池2	电池3	电池4	电池5	电池6	电池7	电池8	电池9	电池10	电池11	电池12	电池13	电池14	电池15
电压(V)	13.54	13.56	13.55	13.51	13.54	13.53	13.53	13.53	13.57	13.53	13.56	13.53	13.54	13.50	13.53
内阻(mΩ)	5.12	4.89	4.90	4.97	4.94	4.97	4.91	5.03	4.92	5.00	4.83	4.79	4.95	4.99	4.79
温度(℃)	22.10	22.30	21.70	21.10	22.10	21.60	21.40	21.90	21.60	21.50	21.50	21.30	21.70	21.10	20.90
告警状态															
序号	电池16	电池17	电池18	电池19	电池20	电池21	电池22	电池23	电池24	电池25	电池26	电池27	电池28	电池29	电池30
电压(V)	13.53	13.52	13.54	13.55	13.55	13.49	13.55	13.55	13.52	13.54	13.55	13.53	13.55	13.54	13.54
内阻(mΩ)	4.96	4.92	4.95	4.86	4.95	4.76	3.58	4.88	5.03	4.85	4.82	4.82	4.94	5.18	4.92
温度(℃)	20.10	19.70	21.10	21.60	21.70	22.20	22.00	22.50	22.00	22.30	21.40	20.90	21.30	21.00	21.00
告警状态															

图 3.12　专用通信电源监控网管电池信息监测界面

3. 电源系统网管备份

在网管登入界面点击备份即可对电源监控网管进行数据备份,点击运行即可运行应用。

3.4 有线电话系统维护

轨道交通有线电话系统可分为公务电话系统和专用电话系统。

3.4.1 专用电话系统设备维护项目

具体维护项目见表3.4。

表3.4 专用电话系统设备维护项目

检修规程	序号	检修内容	检修方法	评定标准	周期
巡检	1	设备机柜、设备表面卫生状况	现场手动清洁	设备机柜内、外和设备表面清洁无积尘	日
	2	设备状态显示是否正常	网管进行全线设备状态巡视 现场进行本地设备状态巡视	网管状态:全线设备工作正常,无告警 本地状态:设备指示灯运行正常,无故障灯	
	3	检查设备机柜是否有异味、风扇是否正常	现场巡视检查	无异味,风扇工作正常,目视无卡顿、无异响	
	4	检查杆件、紧固件、螺丝	现场巡视检查(需要时进行紧固)	杆件、紧固件、螺丝无松动	
	5	检查终端设备	询问使用人员	终端设备日常使用无异常	
	6	开站前例行检查	网管进行全线设备状态巡视	根据网管状态判断	
月度检修	7	检查配线、连线是否良好,线缆是否脱落,孔洞封堵情况	现场手动紧固、封堵	机柜线缆完好无破损 MDF架内传输配线无脱落 孔洞封堵完好	月
	8	检查杆件、紧固件、螺丝紧固状况	现场手动紧固	所有杆件、紧固件、螺丝均无松动	
	9	检查设备机柜接地线及接地排	现场目测检查、手动紧固	地线固定螺丝牢固,无生锈 接地排固定紧固	

续上表

检修规程	序号	检修内容	检修方法	评定标准	周期
月度检修	10	检查主设备运转是否正常,有无异响	现场目测、耳听辨别	设备运行正常	月
	11	紧急电话和直通电话功能测试	现场拨打测试	正常通话且清晰无杂音	
	12	录音系统设备状态检查	现场检查、录音下载并导出检查	下载录音并导出,保证录音清晰无杂音	
	13	核对系统时间	通过与时钟系统进行核对	系统时间与时钟子系统保持一致	
	14	网管服务器状态指示灯检查	现场巡视检查	各指示灯运行正常	
	15	工作站软件运行状态检查,并重启	现场巡视检查	工作站工作稳定,无异响 工作站重启后工作正常,软件能够正常登录,各项功能正常	
年度检修	16	设备的深度清洁状况	现场手动清洁	设备及板卡干净无积灰	年
	17	单站双星型组网测试	现场单站断开控制中心组网,进行拨打测试	断开车站程控交换机到控制中心的链路后在车辆段能够呼叫各个车站的专用电话分机,车站内专用电话能够正常使用	
	18	上下临站直通功能测试	现场断开专用电话与传输设备的接口,进行拨打测试	断开专用电话程控交换机与传输设备的接口,值班台上下临站直通电话可以正常使用	
	19	所有专用电话测试	现场拨打测试	所有专用电话均正常使用	
	20	检查录音仪状态及磁盘存储状态	现场设备查看	录音员状态良好且查看各盘的内存大小,若内存超过80%,用专业存储设备进行备份并清理	
	21	控制中心双星型组网测试	控制中心断开组网,检查车辆段是否可以正常提供通话	关闭控制中心的程控交换机后,车辆段能够呼叫各个车站的专用电话分机,车站内专用电话能够正常使用	
	22	检查调度操作台运行状态	现场性能测试	调度操作台运行无异常,性能良好,清晰无杂音	
	23	服务器(网管、应用)、网管软件升级及系统维护、重启并备份数据网元(三备份)	检查服务器运行指示灯 检查服务器运行声响 检查软件系统运行情况 将备份文件从服务器拷出统一存放至网管工作站F盘"数据备份"文件夹,防止服务器异常导致数据丢失	无告警指示灯 无告警声响 后台进程正常运行,正常登录 网元数据备份成功	
	24	查询系统配置	网管检查	确保业务配置完整性及一致性	

3.4.2 专用电话网管

1. 专用电话网管监控软件

主界面如图 3.13 所示。

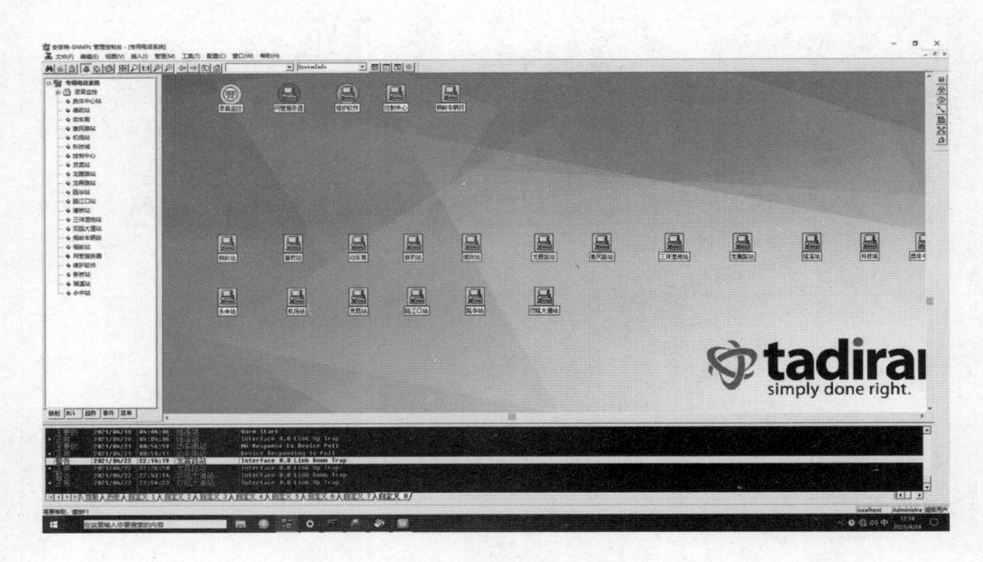

图 3.13 专用电话网管监控软件主界面

2. 故障信息报告查询

点击主界面右侧 CFM 网管服务器选项或界面上对应的 CFM 网管服务器图标,进入故障报告查询界面,根据需要进行查询,如图 3.14 所示。

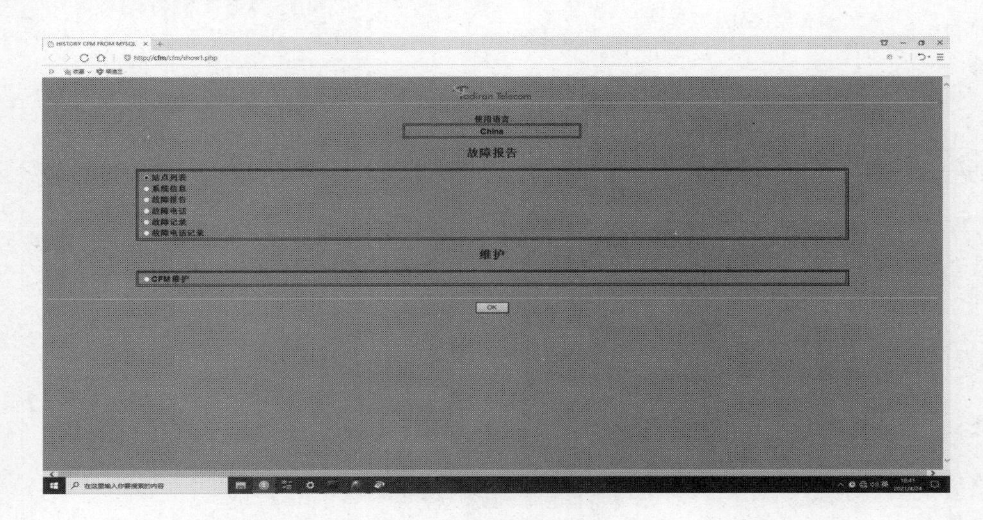

图 3.14 故障报告查询界面

3. 故障报告软件统计界面

故障报告统计界面，统计当前系统内所有告警，如图 3.15 所示。

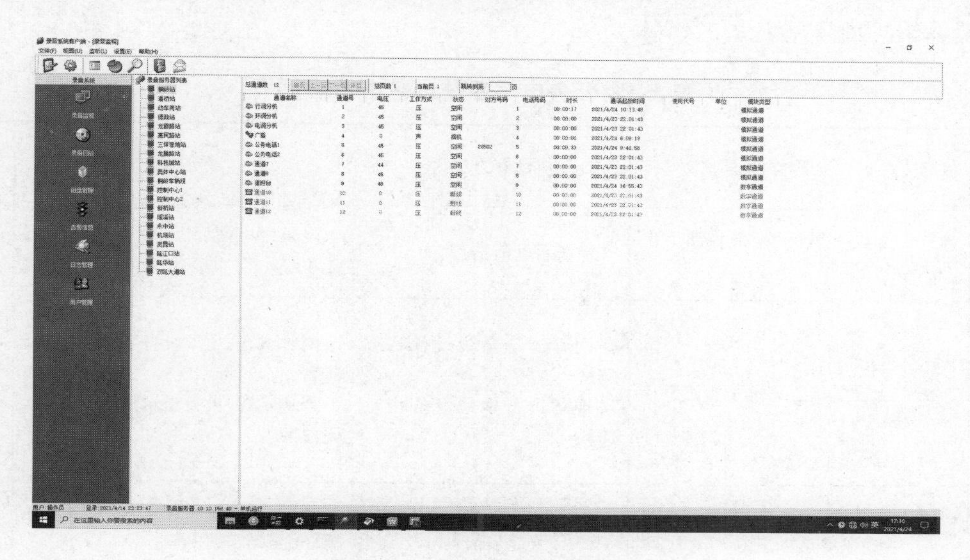

图 3.15　故障报告统计界面

4. 录音软件

在网管终端上能够实时监测到各个车站录音系统的工作状态，并能对登录录音系统的用户进行管理，如图 3.16 所示。拥有不同权限的用户能够执行的操作也不一样。普通用户只能查看录音文件；高级用户能够进行大部分常规操作，包括查看、播放、下载录音文件等；管理员用户拥有最高权限，能够进行所有功能操作，包括新增用户、设置用户权限等。

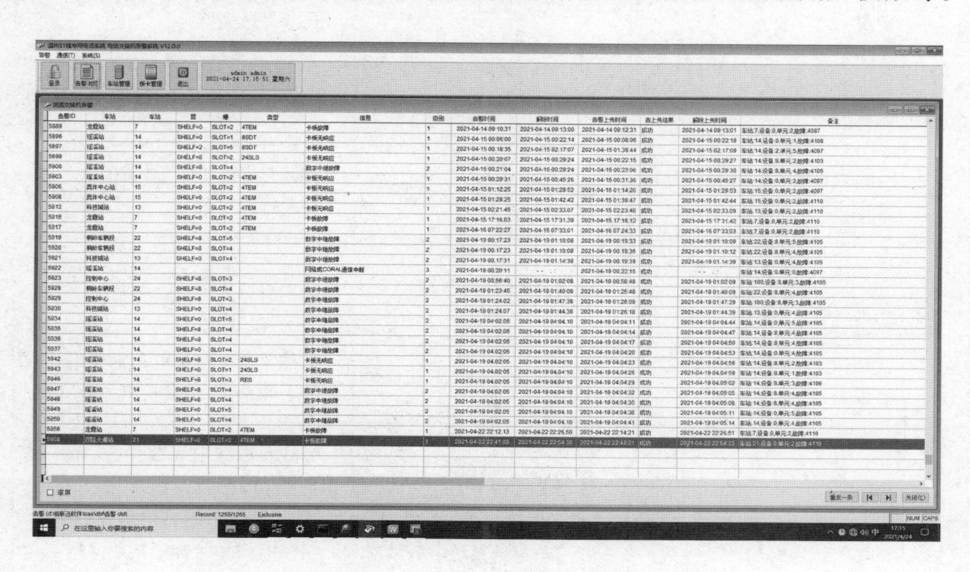

图 3.16　录音软件操作界面

3.4.3 公务电话系统设备维护项目

具体维护项目见表3.5。

表3.5 公务电话系统设备维护项目

检修规程	序号	检修内容	检修方法	评定标准	周期
巡检	1	设备机柜、设备表面卫生状况	现场手动清洁	设备机柜内、外和设备表面清洁无积尘	日
	2	设备状态显示是否正常	网管进行全线设备状态巡视 现场进行本地设备状态巡视	网管状态:全线设备工作正常,无告警 本地状态:设备指示灯运行正常,无故障灯	
	3	检查设备机柜是否有异味、风扇是否正常	现场巡视检查	无异味,风扇工作正常,目视无卡顿、无异响	
	4	检查杆件、紧固件、螺丝	现场巡视检查(需要时进行紧固)	杆件、紧固件、螺丝无松动	
	5	检查终端话机	询问使用人员	终端正常通话,清晰无杂音	
	6	开站前例行检查	网管平台进行巡视	根据网管状态判断	
月度检修	7	检查配线、连线是否良好,线缆是否脱落,孔洞封堵情况	现场手动紧固、封堵	机柜线缆完好无破损 MDF架内传输配线无脱落 孔洞封堵完好	月
	8	检查杆件、紧固件、螺丝紧固状况	现场手动紧固	所有杆件、紧固件、螺丝均无松动	
	9	检查设备机柜接地线及接地排	现场目测检查、手动紧固	地线固定螺丝牢固,无生锈 接地排固定紧固	
	10	检查主设备运转是否正常,有无异响	现场目测、耳听辨别	设备运行正常	
	11	测试车控室公务电话并检查录音	通过现场检查并下载录音	车控室公务电话可正常使用并能正常下载录音,录音清晰无杂音	
	12	检查分线箱	现场巡视检查	分线箱内线缆无破损,机箱干净无积灰	
	13	核对系统时间	通过与时钟系统进行核对	系统时间与时钟子系统保持一致	

续上表

检修规程	序号	检修内容	检修方法	评定标准	周期
月度检修	14	网管工作站设备清洁状况；软件功能测试并重启	手动清洁 手动重启	网管服务器外观完好，设备卫生状况良好 网管工作站各项监控功能能够正常实现 网管工作站能够正常进行重启，重启后软件能够正常启动并登录，且各项功能均能正常实现	月
年度检修	15	设备的深度清洁状况	现场手动清洁	设备及板卡干净无积灰	年
	16	主备用设备或板卡倒换	现场进行设备及板卡的倒换	可以正常倒换	
	17	检查公务电话话机状态（抽查）	现场进行通话测试（单站抽查 5 台）	通话清晰无杂音	
	18	公务电话灾备功能测试	现场进行功能测试	将控制中心公务电话 ZXMSG 9000 中继/信令网关设备同市话局断开后，车辆段 ZXMSG 9000 中继/信令网关能够正常工作，S1 线公务电话系统仍能正常提供服务	
	19	IP 话机状态检查	现场拨打测试	通话清晰无杂音	
	20	服务器（网管、应用及计费）、网管软件升级及系统维护、重启	检查服务器运行指示灯 检查服务器运行声响 检查软件系统运行情况	无告警指示灯 无告警声响 后台进程正常运行，正常登录	
	21	查询系统配置，并进行网元数据备份（三备份）	网管检查，网管工作站备份	确保业务配置完整性及一致性，网元数据备份成功	

3.4.4　公务电话系统网管

1. NetNumen^{TM} U31 公务电话网管登入

登入界面如图 3.17 所示。

2. NetNumen^{TM} U31 公务电话网管简介

NetNumen^{TM} U31 拥有丰富的管理应用功能，以充分满足客户实际运营过程中的各种管理需求为目标。系统不仅提供配置管理、告警管理、安全管理、性能管理等 TMN 规范要求的维护功能，还提供拓扑管理、系统管理、日志管理、任务管理以及各种维护工具，辅助运维人员更准确地了解网络设备的运行状况，更方便地对设备进行调节和监控，使系统运行于最佳状况。

3. 配置管理

配置管理（Configuration Management）用来设定、修改网元相关的各类参数，并将这些参数同步到网元运行系统中并生效。也可以反映网络中各种类型的设备资源配备和重要参数的设置情况，使用户能方便地了解各关键资源的配备和使用情况，以便加强管理，发挥电信网资源的最大效益，如图 3.18，图 3.19 所示。同时，配置管理为性能管理和故障管理提供必要的参考数据。

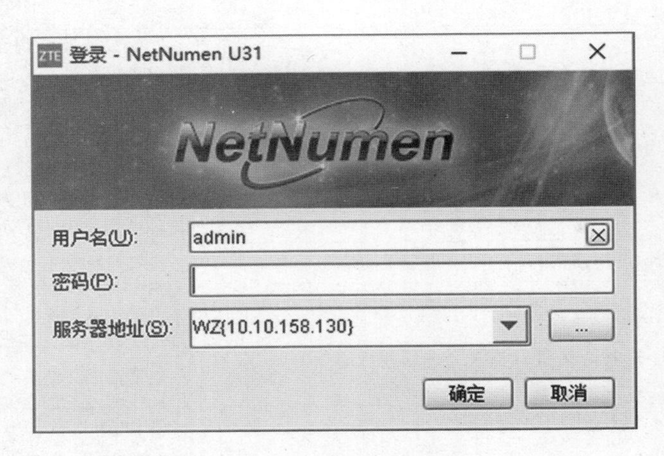

图 3.17　公务电话网管登录界面

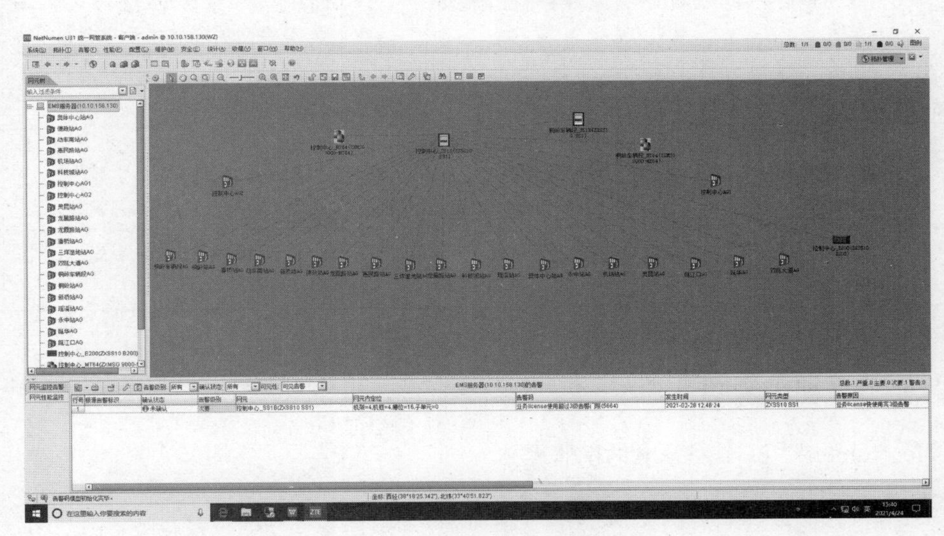

图 3.18　公务电话总界面

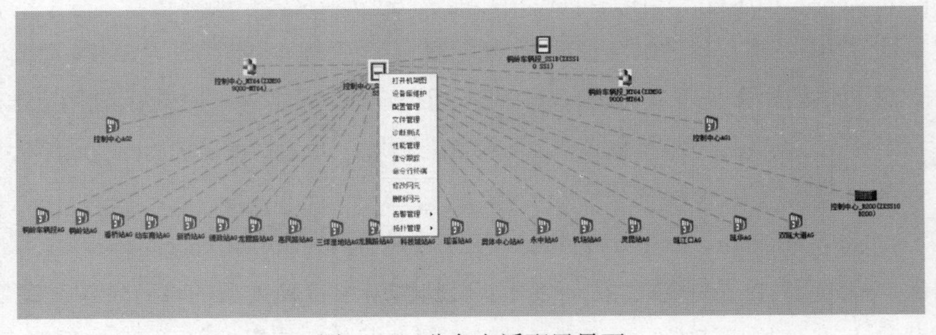

图 3.19　公务电话配置界面

配置管理主要具备功能见表3.6。

表3.6　配置管理主要具备功能

功能项	描述
配置数据的查看与修改	支持各种网元的数据配置功能，支持各种配置数据的查看和修改
批量配置	提供常用功能的批量配置操作，如批量升级、批量修改带宽模板等
配置数据的备份与恢复	提供备份、恢复配置数据的功能，帮助用户保存当前的配置数据，并在有需要的时候恢复到以前的配置
配置数据的保存	保存网元上的配置数据，以免网元重启后配置丢失
配置数据检查	检查网元配置数据的合法性，保证配置参数的正确性和一致性
版本管理	提供对网元运行的软件版本的管理控制功能，包括将软件版本文件下载到网元，加载版本文件和查询网元版本功能

4. 告警管理

告警管理（Alarm Management）：使用户及时了解网络和设备出现的非正常运行状态，帮助操作人员确定故障原因和故障位置，使用户能够尽早发现、快速处理和解决系统故障，保证网络的正常运行。告警管理模块接收并处理设备上报的告警，通过界面展示给用户，且可通过邮件或短信前转到指定的目标。

告警管理主要具备功能见表3.7。

表3.7　告警管理主要具备功能

功能项	描述
当前告警实时监控	提供系统当前告警的实时显示，使用户及时了解系统发生的故障或变化，及时解决问题
当前告警查询	对当前的告警按照一定的条件进行查询
当前告警确认、反确认	标志用户已关注到该当前告警
告警清除	将告警从当前告警中清除掉
历史告警实时监控	历史告警监控显示告警处理和清除状况
历史告警查询	对历史告警按照一定的条件进行查询
历史告警确认、反确认	标志用户已关注到该历史告警
通知实时监控	对通知消息进行实时监控，使用户能及时了解系统的运行状况
通知查询	对通知按照一定的条件进行查询
告警统计	根据各种条件对告警进行统计
告警规则管理	用户可以定义一些规则来处理告警
告警相关性分析	有效消除告警冗余信息以及告警风暴，进一步找出故障根源以快速定位和解决故障，能够以高亮方式显示相关性规则定义的升级告警
告警自动前转	符合选择条件的告警自动前转到相应的用户。支持短信前转和邮件前转两种方式
告警自动确认	将满足一定条件的告警自动确认，以减轻网管人员的工作量，更好地关注于关键告警

续上表

功能项	描述
告警自动删除	将满足一定条件的告警自动清除
告警重定义	用户根据实际情况修改告警码对应的告警级别
告警箱	实现告警箱的创建、修改、查看,设置告警箱的控制参数,启动/禁用告警箱
诊断测试	用户可主动发起测试,了解网元当前的运行状态和运行情况,及时发现系统的异常情况
告警机架图功能	将告警在网元的机架图上显示出来,不同的告警级别使用不同的颜色来表示

5. 公务电话系统备份

软件可对网管系统配置数据、日志、告警及性能进行备份与恢复,防止异常情况导致的数据丢失。将网管数据备份,并将备份文件从服务器拷出统一存放至网管工作站 F 盘(确保 U 盘、服务器、工作站 F 盘 3 备份,保存至/备份/数据/××年××月),同时在维护模块提供对网元配置数据的备份和恢复功能,如图 3.20 所示。

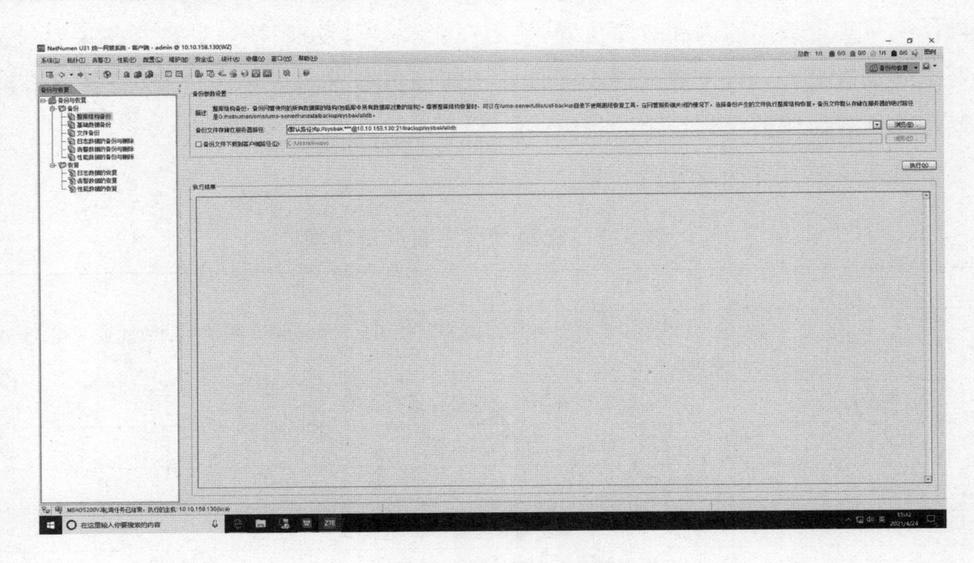

图 3.20　备份与恢复功能界面

3.5　无线系统维护

无线系统外部设备多,分布面广,使用频繁。因此系统的运行管理一方面需要使用人员注意日常的正确使用及必要的维护,另一方面维修人员应该采取计划性维修与故障修相结合的维护模式,保证设备良好状态。

设备维护与故障处理过程中要严格遵守安全生产制度和技术安全规定。

3.5.1　无线系统设备维护项目

具体维护项目见表3.8。

表3.8　无线系统设备维护项目

检修规程	序号	检修内容	检修方法	评定标准	周期
巡检	1	设备机柜、设备表面卫生状况	现场手动清洁	设备机柜内、外和设备表面清洁无积尘	日
	2	LTE核心网设备状态显示是否正常	通过网管进行全线设备状态巡视 通过现场进行本地设备状态巡视	网管状态：全线设备工作正常，无告警 本地状态：设备指示灯运行正常，无故障灯	
	3	BBU、RRU设备状态显示是否正常	通过网管进行全线设备状态巡视 通过现场进行本地设备状态巡视	网管状态：全线设备工作正常，无告警 本地状态：设备指示灯运行正常，无故障灯 光电箱状态： 光电箱内卫生状况良好，无积尘，无垃圾； 光电箱内光缆及熔纤盘状态良好，外观完好，束管无挤压无破损； 光电箱内接线稳固无松脱； 光电箱密封性能良好； 光电箱外观完好，无锈蚀	
	4	二次开发系统设备状态显示是否正常	通过网管进行全线设备状态巡视 通过现场进行本地设备状态巡视	网管状态：全线设备工作正常，无告警 本地状态：设备指示灯运行正常，无故障灯	
	5	天馈系统设备状态显示是否正常	通过网管进行全线设备状态巡视 通过现场进行本地设备状态巡视	天馈线布放良好，无裂痕、无脱落，拧口无松动，密封良好 网管查询驻波小于1.5	
	6	检查设备机柜是否有异味、风扇是否正常	通过现场巡视检查	无异味，风扇工作正常，目视无卡顿、无异响	
	7	检查杆件、紧固件、螺丝	通过现场巡视检查（需要时进行紧固）	杆件、紧固件、螺丝无松动	
	8	车站观察终端信号	通过巡视检查终端信号是否满格	终端信号满格	
	9	无线系统终端设备查看	通过询问终端使用人员进行检查	设备使用情况良好	
	10	开站前例行检查	通过网管平台进行巡视	根据网管状态判断	

续上表

检修规程	序号	检修内容	检修方法	评定标准	周期
月度检修	11	检查配线、连线是否良好，线缆是否脱落，孔洞封堵情况	现场手动紧固、封堵	机柜线缆完好无破损 ODF 架内尾纤完好无破损 MDF 架内传输配线无脱落 孔洞封堵完好	月
	12	检查杆件、紧固件、螺丝紧固状况	通过现场手动紧固	所有杆件、紧固件、螺丝均无松动	
	13	检查设备机柜接地线及接地排	现场目测检查、手动紧固	地线固定螺丝牢固，无生锈 接地排固定紧固	
	14	检查主设备运转是否正常，有无异响，风扇卫生状况	现场目测、耳听辨别、手动清洁	设备运行正常 设备风扇转速正常、无积灰	
	15	检查室内低廓天线	通过现场巡视检查	天线无异常	
	16	检查 BBU GPS 天线（屋面）	通过现场巡视检查	GPS/北斗天线安装无倾斜 45°范围内无遮挡 GPS 安装角度垂直 3 m 内无基站天线 固定件牢固，无破损锈腐	
	17	核对系统时间	通过与时钟系统进行核对	系统时间与时钟子系统保持一致	
	18	固定台、调度台功能测试与重启	固定台、调度台通话功能是否正常，重启后设备是否正常工作	能够正常通话，重启后设备工作正常，软件正常登录，且各项功能正常	
	19	网管工作站重启	手动重启网管工作站	工作站重启后软件可正常登录，各功能可正常实现	
年度检修	20	设备的深度清洁	对所有设备及板卡进行深度清洁	设备及板卡干净无积灰	年
	21	主备用设备或板卡倒换	核心网设备主备倒换 BBU 设备主备倒换	可以正常倒换	
	22	拉远区间 RRU 测试记录收发光功率	用光功率计测试记录光板的收发光功率	发光功率：2～3 dBm 收光功率：≥－10 dBm	
	23	测量从 BBU 到 RRU 的光衰耗	现场进行测试	损耗值≤0.34 dBm/km 总衰耗值＜－6 dBm	
	24	天馈系统驻波比测试	检查各基站天馈系统情况	天馈线布放良好，无裂痕、脱落，拧口无松动，密封防水良好，测试驻波比正常，驻波小于 1.5	
	25	测试调度服务器主备切换情况	进行调度服务器主备切换	相互切换正常	
	26	全网性能分析	通过网管工作站进行分析	通过 U31 网管检查各站各设备、单板历史告警信息及历史网络性能，对无线系统进行系统性检查及分析，对隐患进行处理	

续上表

检修规程	序号	检修内容	检修方法	评定标准	周期
年度检修	27	铁塔、天线防雷接地检查	现场铁塔、天线(车场综合楼)防雷检查 除锈、防锈处理 天线拉线紧固 馈线接地、防水检查 天线周边环境检查	防雷接地符合要求,接地电阻合格 馈线接地、防水符合要求,接地电阻测试小于1 Ω 天线在避雷针45°角的保护范围内,在该范围无遮挡 接头、拉线无锈迹	年
	28	覆盖场强测试	用手持台测试各个点位场强覆盖情况	对以下区域场清进行测试,信号满格,场强值≥－95 dB OCC:5楼调度大厅、4/5楼楼梯间和走廊、18楼走廊 车站:上、下行站台、站厅、工作区、设备区 车辆段:综合楼、宿舍楼、DCC检查库、不落轮旋库、平交道口	
	29	服务器(录音、网管、调度)、网管软件升级及系统维护、重启	检查服务器运行指示灯 检查服务器运行声响 检查软件系统运行情况	无告警指示灯 无告警声响 后台进程正常运行,正常登录	
	30	查询系统设置并进行网元配置备份(三备份)	网管检查,网管工作站备份	确保业务配置完整性及一致性,网元数据备份成功	

3.5.2 无线系统网管操作

无线网管终端包括专用LTE无线系统网管、二次开发网管及二次开发录音系统,通过网管操作可对核心网、基站、直放站设备、调度台终端等进行远程维护和管理。

1. 专用LTE无线系统网管

1)无线网管系统提供的当前告警信息,可以实时显示系统正在发生的故障情况。在客户端,选择菜单[视图→告警监控],打开告警监控窗口。在左侧网元树上选择对应站点,即可显示该站点当前告警、历史告警,如图3.21所示。

2)选择菜单[视图→诊断测试],右侧界面可显示对应站点RRU与BBU设备数量状态,可对当前站设备状态进行整站测试、组合测试、链路测试,可查看如RRU TX-ANT1～8驻波比值、光口信息、误码率等信息,如图3.22、图3.23所示。

3)无线系统的备份与恢复模块提供了数据的备份和恢复功能。通过创建的任务,用户可对系统中相应的数据进行备份和恢复。同时在配置管理模块提供对网元配置数据的备份和恢复功能。在配置管理页面中,选择数据备份,打开数据备份框,选择网元进行备份,如图3.24所示。

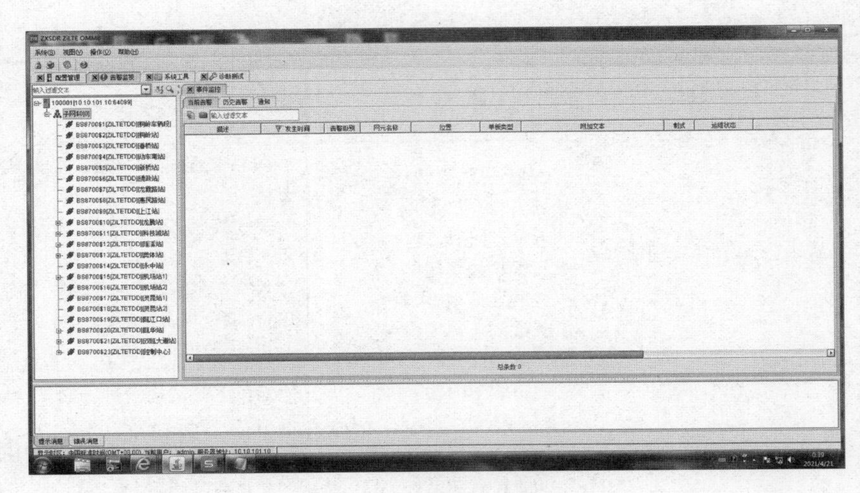

图 3.21　告警监控界面

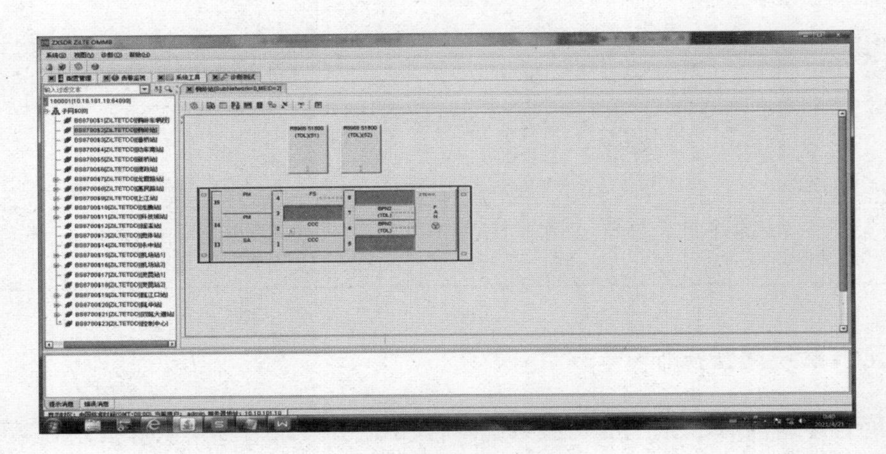

图 3.22　诊断测试界面

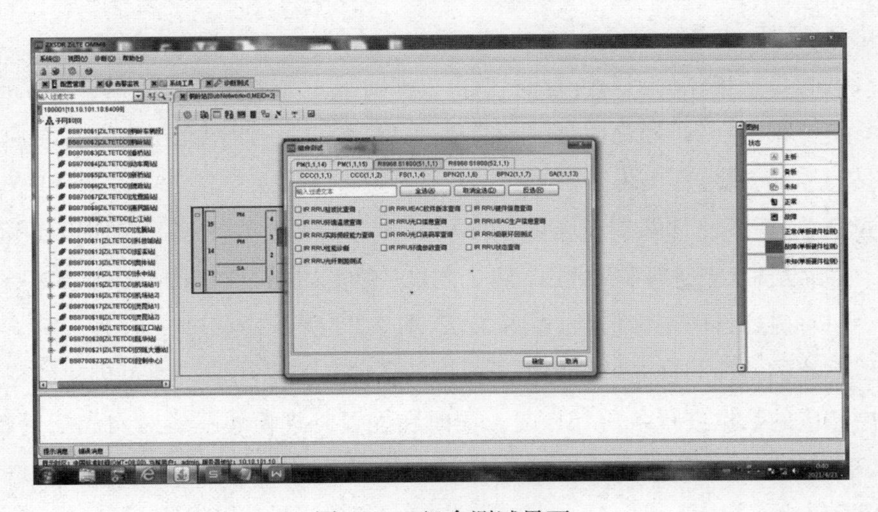

图 3.23　组合测试界面

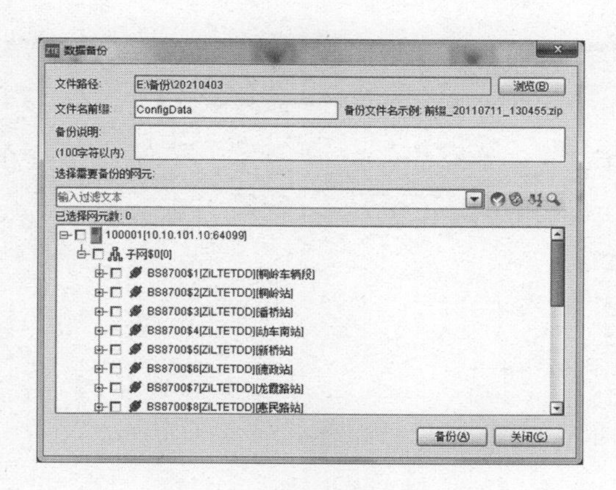

图 3.24　数据备份界面

2. 二次开发网管操作

二次开发网管软件负责与集群设备、CAD 服务器、直放站近端机进行通信，对上述设备进行检测管理，并将告警信息向集中告警系统转发，给用户提供友好的操作平台。

1)软件主界面如图 3.25 所示，主要组成部分包括标题栏、菜单栏、工具栏，左侧树形列表，右侧信息显示区，底部信息显示列表、状态栏。

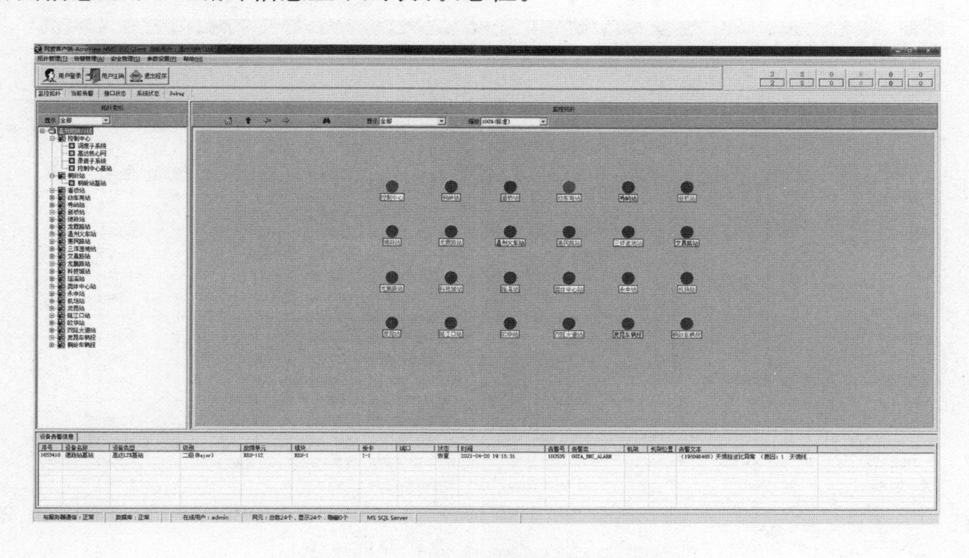

图 3.25　二次开发网管软件主界面

2)主界面左侧树形列表主要显示各个车站信息，每个车站对应一个树形分支，点击该站点分支，右侧信息显示区中将显示该站点下安装的设备信息。在此显示情况下，当接收到其他系统的告警信息时，站点按钮的颜色会根据告警信息的告警级别进行不同颜色显示，如图 3.26 所示。

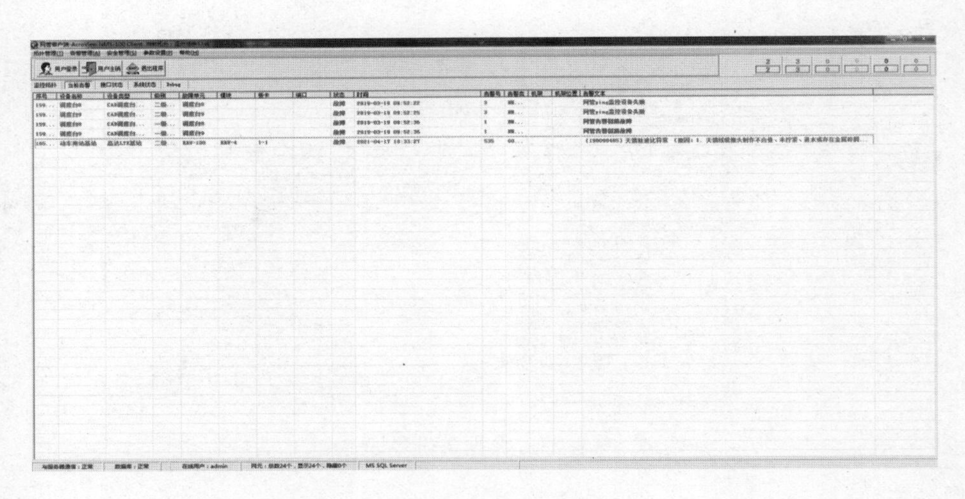

图 3.26　告警显示界面

3)当前告警栏显示系统当前所有告警信息,包括设备名称、类型、板卡、故障级别、故障时间、故障码、具体故障描述等。接口状态栏显示各接口如核心网、服务器、调度台等的配置及状态,如图 3.27 所示。

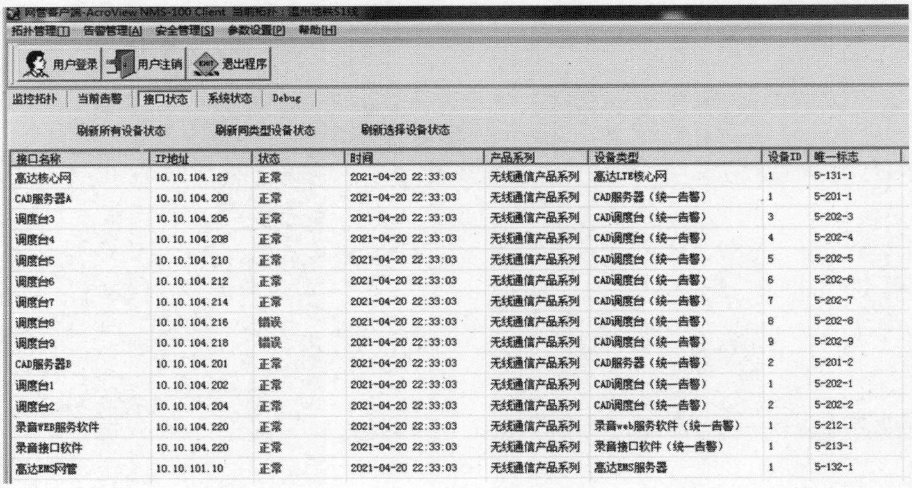

网管客户端-AcroView NMS-100 Client 当前拓扑:温州地铁S1线

拓扑管理[T]　告警管理[A]　安全管理[S]　参数设置[P]　帮助[H]

用户登录　用户注销　退出程序

监控拓扑　当前告警　接口状态　系统状态　Debug

刷新所有设备状态　刷新同类型设备状态　刷新选择设备状态

接口名称	IP地址	状态	时间	产品系列	设备类型	设备ID	唯一标志
高达核心网	10.10.104.129	正常	2021-04-20 22:33:03	无线通信产品系列	高达LTE核心网	1	5-131-1
CAD服务器A	10.10.104.200	正常	2021-04-20 22:33:03	无线通信产品系列	CAD服务器(统一告警)	1	5-201-1
调度台3	10.10.104.206	正常	2021-04-20 22:33:03	无线通信产品系列	CAD调度台(统一告警)	3	5-202-3
调度台4	10.10.104.208	正常	2021-04-20 22:33:03	无线通信产品系列	CAD调度台(统一告警)	4	5-202-4
调度台5	10.10.104.210	正常	2021-04-20 22:33:03	无线通信产品系列	CAD调度台(统一告警)	5	5-202-5
调度台6	10.10.104.212	正常	2021-04-20 22:33:03	无线通信产品系列	CAD调度台(统一告警)	6	5-202-6
调度台7	10.10.104.214	正常	2021-04-20 22:33:03	无线通信产品系列	CAD调度台(统一告警)	7	5-202-7
调度台8	10.10.104.216	错误	2021-04-20 22:33:03	无线通信产品系列	CAD调度台(统一告警)	8	5-202-8
调度台9	10.10.104.218	错误	2021-04-20 22:33:03	无线通信产品系列	CAD调度台(统一告警)	9	5-202-9
CAD服务器B	10.10.104.201	正常	2021-04-20 22:33:03	无线通信产品系列	CAD服务器(统一告警)	2	5-201-2
调度台1	10.10.104.202	正常	2021-04-20 22:33:03	无线通信产品系列	CAD调度台(统一告警)	1	5-202-1
调度台2	10.10.104.204	正常	2021-04-20 22:33:03	无线通信产品系列	CAD调度台(统一告警)	2	5-202-2
录音WEB服务软件	10.10.104.220	正常	2021-04-20 22:33:03	无线通信产品系列	录音web服务软件(统一告警)	1	5-212-1
录音接口软件	10.10.104.220	正常	2021-04-20 22:33:03	无线通信产品系列	录音接口软件(统一告警)	1	5-213-1
高达EMS网管	10.10.101.10	正常	2021-04-20 22:33:03	无线通信产品系列	高达EMS服务器	1	5-132-1

图 3.27　接口状态栏界面

4)软件把接收的各种告警信息存储在数据库中,用户能够对这些告警信息进行查询和统计,并可导出成文件方便查看,如图 3.28 所示。

5)软件可对网管系统配置数据进行备份与恢复,防止异常情况导致的数据丢失。点击[安全管理—配置数据备份],将网管数据备份,并将备份文件从服务器拷出统一存放至网管工作站 F 盘(确保 U 盘、服务器、工作站 F 盘 3 备份,保存至/备份/数据/××年××月),如图 3.29 所示。

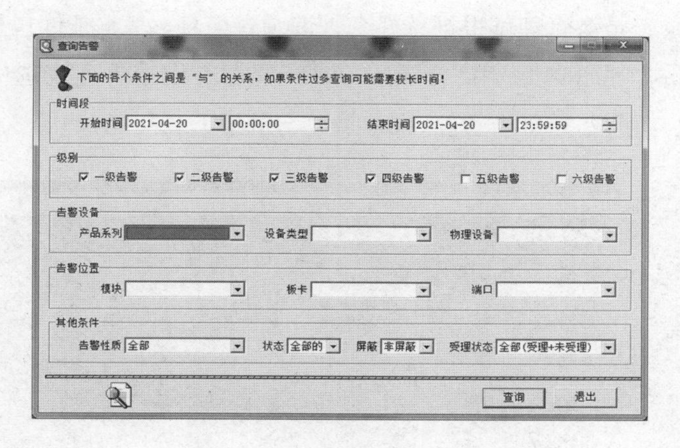

图 3.28　查询告警界面

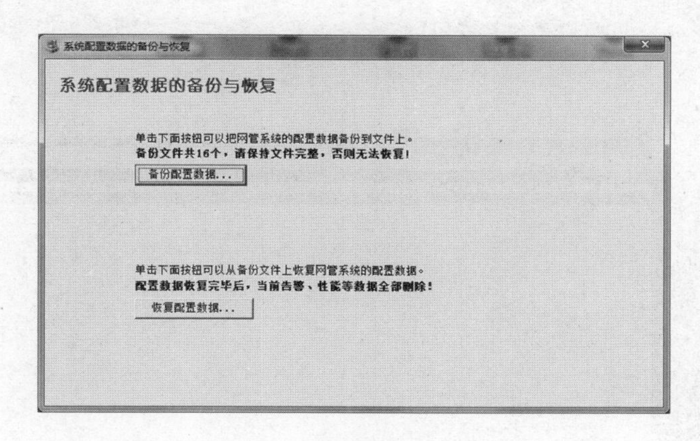

图 3.29　系统配置数据的备份与恢复

3. 二次开发录音系统

1)地址栏输入录音接口软件 IP，为 http://10.10.104.220:8080/recws/(其中 http 是超文本传输协议，10.10.104.220 是录音服务器 IP，8080 是录音 WEB 服务软件端口号，recws 是录音接口软件名称)，浏览器将进入所示的登录界面，如图 3.30 所示。

2)录音系统软件界面如图 3.31 所示，主要包括三个部分：

(1)标题区：显示快速录音查询、注销、帮助模块，登录用户及登录时间；

(2)菜单导航区：四个菜单项模块与磁盘占用统计模块(磁盘占用显示了磁盘使用的占用比，绿色为未使用容量，红色为已使用容量)、接口状态显示模块(当接口状态的字体显示红色表示该接口故障未连接，字体显示绿色表示连接正常)；

(3)显示区：显示系统内查询条件及其结果、各模块管理内容等。

3)录音资源管理对组用户、个人用户通话组、基站信息管理，可进行添加、批量添加、删除、修改等操作。录音录像管理可根据条件来查询录音信息，基本条件包括录音的开始、结束时间，附加条件包含呼叫类型、用户号码的选择，根据查询结果列表选中录音信息，可对录音信息进行播放与下载，重置与暂停，批量播放与批量下载功能，如图 3.32 所示。

图 3.30　录音系统登录界面

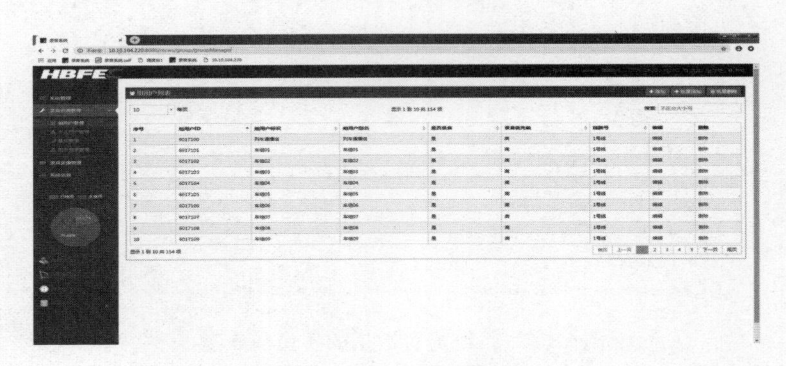

图 3.31　录音系统软件界面

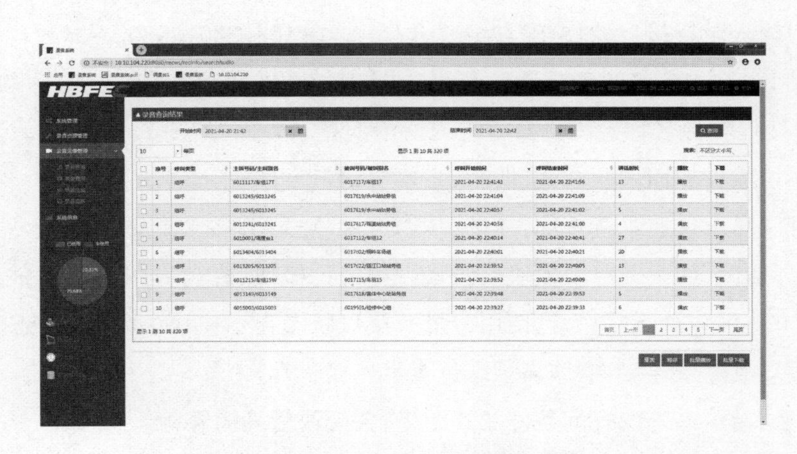

图 3.32　录音录像管理界面

3.6　视频监视系统维护

视频监控系统是保证市域铁路行车组织和安全的重要手段，调度员和车站值班员利用它监视列车运行、客流情况、变电所设备室设备运行情况，是提高行车指挥透明度的辅助通信工具。当车站发生灾情时，视频监控系统可作为防灾调度员指挥抢险的指挥工具。视频监控系统属于运营行车组织的有效辅助手段，因此要求该系统设备 24 h 不停地运作。所以，对闭路电视系统的运行管理主要目的是保证系统的不间断正常运行，提供正常的使用功能，在有需要时，能够实时和不间断地提供现场图像给使用人员，并按照使用人员的需要进行实时录制。

3.6.1　视频监视系统维护

视频监控系统的维护包括两方面内容，一方面是使用人员的日常使用及必要的维护，另一方面是系统维护人员的预防性维护和故障的处理，具体维护项目见表 3.9。

使用人员按照实际情况和要求，选择不同的图像进行显示监视，并定期(如每周)对监视器和控制盘等外部设备进行必要的清洁工作。

运营时的日常巡视检查：为确保闭路电视系统全天候不停地正常运行，维护人员按照使用设备的重要程度不同，应进行每周一次或每日一次的设备巡视检查。通过观察设备运行状态，与标准状态进行比较，及早发现设备故障。

计划性检修：作为预防性的维护，维护人员根据制定的检修计划和工作内容，对设备进行周期性检查维护工作，使设备达到良好的运行状态。

故障处理工作：当设备发生故障时，使用人员报告维调故障情况，由维调通知检修人员及时处理故障，及时恢复设备的正常使用。

表 3.9　视频监视系统维护项目

检修规程	序号	检修内容	检修方法	评定标准	周期
巡检	1	设备机柜、设备表面卫生状况	现场手动清洁	设备机柜内、外和设备表面清洁无积尘	日
	2	设备状态显示是否正常	通过网管进行全线设备状态巡视 通过现场进行本地设备状态巡视	网管状态：全线设备工作正常，无告警 本地状态：设备指示灯运行正常，无故障灯	
	3	检查设备机柜是否有异味、风扇是否正常	通过现场巡视检查	无异味，风扇工作正常，目视无卡顿、无异响	

续上表

检修规程	序号	检修内容	检修方法	评定标准	周期
巡检	4	检查杆件、紧固件、螺丝	通过现场巡视检查(需要时进行紧固)	杆件、紧固件、螺丝无松动	日
	5	在线列车车载视频	在控制中心工作站上查在线列车车载视频	检查在线列车车载视频,能够正常观看实时视频	
	6	CCTV网管平台查看所有摄像机	通过工作站查看所有摄像机	各摄像机正常使用	
	7	开站前例行检查	通过网管平台进行巡视	根据网管状态判断	
月度检修	8	检查配线、连线是否良好,线缆是否脱落,孔洞封堵情况	现场手动紧固、封堵	机柜线缆完好无破损 ODF架内尾纤完好无破损 MDF架内传输配线无脱落 孔洞封堵完好	月
	9	检查杆件、紧固件、螺丝紧固状况	通过现场手动紧固	所有杆件、紧固件、螺丝均无松动	
	10	检查设备机柜接地线及接地排	现场目测检查、手动紧固	地线固定螺丝牢固,无生锈 接地排固定紧固	
	11	检查主设备运转是否正常,有无异响,风扇卫生状况	现场目测、耳听辨别、手动清洁	设备运行正常 设备风扇转速正常、无积灰	
	12	检查摄像机防护罩清洁情况,进行清灰(需要时)	摄像机防护罩除尘	摄像机防护罩无灰尘	
	13	检查视频监控丢包率	通过工作站查看	丢包率<0.2%	
	14	检查球形摄像机转动情况	通过工作站进行检查	球形摄像机转动灵敏无卡顿	
	15	对终端工作站进行重启	手动重启终端工作站	终端工作站重启后软件可正常登录,且能正常使用	
	16	抽测录音录像	通过网管工作站进行检查	随机抽查10路摄像机30天内的录像,所有图像显示正常,磁盘阵列工作正常	
	17	核对系统时间	通过与时钟系统进行核对	系统时间与时钟子系统保持一致	
年度检修	18	设备的深度清洁状况	现场手动清洁	设备及板卡干净无积灰	年
	19	清洁摄像机和防护罩	现场对摄像机进行清灰	摄像机和防护罩无积灰	
	20	调整摄像机焦距(需要时)	拧松监控摄像机镜头上的聚焦环和变焦环的固定螺丝后,缓慢顺时针或逆时针进行调节,直到图像最清晰后拧紧固定螺丝	摄像机监控画面清晰	
	21	检查设备电源空开(包含电源分配箱)	检查电源空气开关闭合是否正常,温度测量仪查看稳定是否正常	空气开关闭合正常,温度正常	
	22	测试光端机的发光功率(只测端头屏)	现场对端头屏光端机进行发光测试	发光功率≥−12 dBm	

续上表

检修规程	序号	检修内容	检修方法	评定标准	周期
年度检修	23	服务器、交换机性能检查及清灰	服务器各种软件是否正常运行 服务器、交换机清灰	各种服务器状态指示灯正常无告警，各种服务器软件运行正常	年
	24	检查磁盘存储状态	现场设备查看	查看各盘的内存大小，若内存超过80%，用专业存储设备进行备份并清理	
	25	检查SD卡录像(抽测)	通过网管工作站进行检查	随机抽查5台摄像机SD卡存储情况 将摄像机SD卡拔出，用电脑检查SD卡存储情况，并查看SD卡能是否保存了最近2～3 h的视频监控内容，保证内容清晰且流畅	
	26	备份各类服务器的配置(三备份)	登录软件平台备份配置	在OCC用专用U盘备份中心视频管理服务器和所有站点视频服务器的配置文件	
	27	测试拾音器功能	通过现场操作进行测试	收集声音正常播放，与画面同步	
	28	核对存储冗余功能	在车站断掉存储设备5 min后，在中心回放终端上是否能查到这5 min录像	能正常接管业务	
	29	服务器(分析、管理、媒体交换、网管、车载视频接入、数据录像管理)、网管软件升级及系统维护、重启	检查服务器运行指示灯 检查服务器运行声响 检查软件系统运行情况	无告警指示灯 无告警声响 后台进程正常运行，正常登录	
	30	测试备用尾纤	对尾纤进行抽样测试	尾纤能正常传导光信号(接收端光功率≥10 dBm)	

3.6.2 视频监视系统网管操作

视频监视系统(CCTV)在控制中心、公安分局均设置网管系统，可对系统设备进行参数设置、编程、故障告警及电源控制等综合管理。即可对系统设备的运行情况进行综合的监视与管理，能对系统数据及配置作出及时的修改。本系统的网管系统由综合网管系统(即中心综合网管服务器及软件)、数字视频管理(编解码及存储设备)、以太网交换机网管等组成。其中综合网管系统终端是核心部分，数字视频系统、以太网交换机等故障管理等全部集中在综合网管系统中。

以温州市域铁路S1线网管平台为例。

(1)综合网管软件接收到车站报警信息后直接在主界面右侧进行显示，右上角显示设备数量及报警数量，下方显示具体报警信息，如图 3.33 所示。报警站点图标显示红色，点击电子地图报警图标，进入子界面可看到故障设备的工作状态。

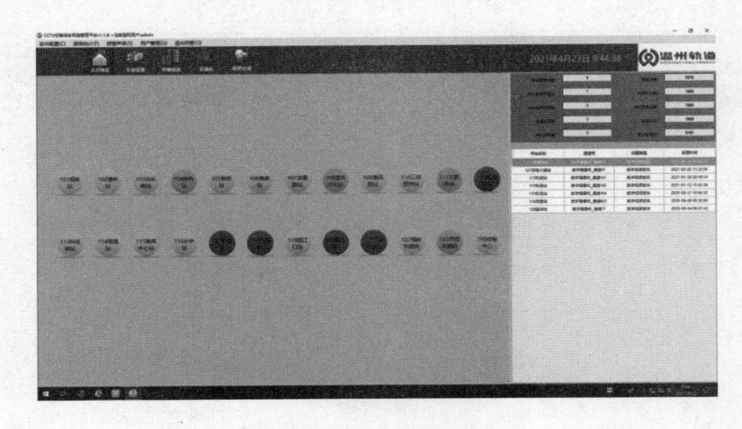

图 3.33　视频网管总界面

(2)网管中心软件可以设置各个车站的设备参数，修正设备的报警门限参数，调节报警灵敏度，然后将修正的参数发送至分站设备执行。通过后台数据库的完善支持，可以保证对每个监测点进行精确报警调整，如图 3.34～图 3.36 所示。

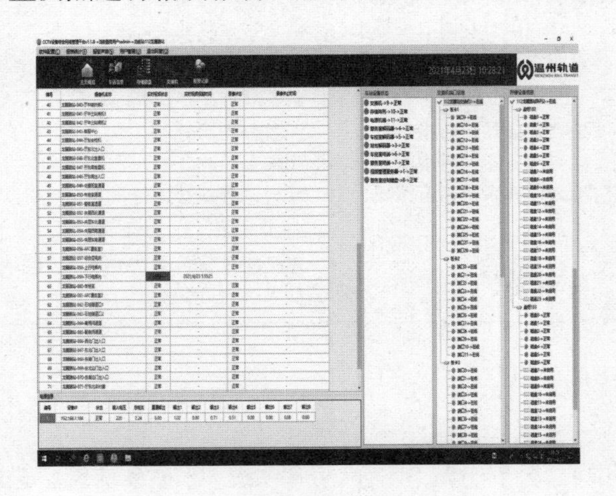

图 3.34　视频报警界面查询

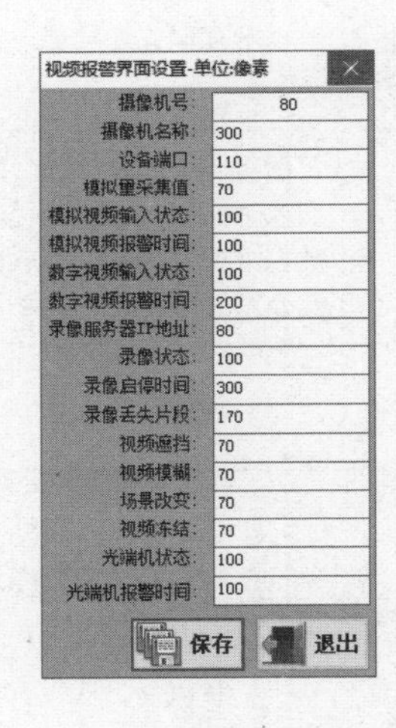

图 3.35　视频报警界面设置

(3)网管软件可提供完整且精确的故障报表；对设备使用情况进行统计，分析设备的故障率，为设备维护及备品备件管理提供指导意见，如图 3.37 所示。

(4)通过视频监控终端可查看各车站、车辆摄像机状态，并对数量进行统计。可以使用多种分屏布局显示画面，如四分屏、九分屏、十六分屏，通过该终端可实现对全线任一站点的任一图像的录像回放功能，并且具有录像视频转存、刻录功能等。中心各调度员能任选 8 路图像在调度大厅大屏上进行控制显示、任意地切换，如图 3.38 所示。

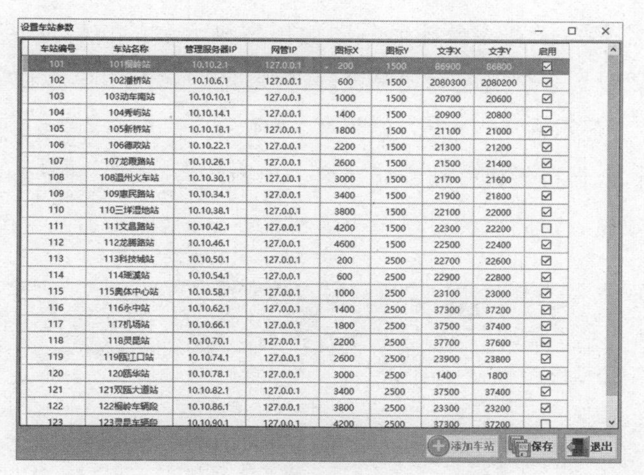

设置车站参数

车站编号	车站名称	管理服务器IP	网管IP	图标X	图标Y	文字X	文字Y	启用
101	101桐岭站	10.10.2.1	127.0.0.1	200	1500	86900	86800	☑
102	102潘桥站	10.10.6.1	127.0.0.1	600	1500	2080300	2080200	☑
103	103动车南站	10.10.10.1	127.0.0.1	1000	1500	20700	20600	☑
104	104秀屿站	10.10.14.1	127.0.0.1	1400	1500	20900	20800	☐
105	105新桥站	10.10.18.1	127.0.0.1	1800	1500	21100	21000	☑
106	106德政站	10.10.22.1	127.0.0.1	2200	1500	21300	21200	☑
107	107龙霞路站	10.10.26.1	127.0.0.1	2600	1500	21500	21400	☑
108	108温州火车站	10.10.30.1	127.0.0.1	3000	1500	21700	21600	☐
109	109惠民路站	10.10.34.1	127.0.0.1	3400	1500	21900	21800	☑
110	110三垟湿地站	10.10.38.1	127.0.0.1	3800	1500	22100	22000	☑
111	111文昌路站	10.10.42.1	127.0.0.1	4200	1500	22300	22200	☐
112	112龙腾路站	10.10.46.1	127.0.0.1	4600	1500	22500	22400	☑
113	113科技城站	10.10.50.1	127.0.0.1	200	2500	22700	22600	☑
114	114瑶溪站	10.10.54.1	127.0.0.1	600	2500	22900	22800	☑
115	115奥体中心站	10.10.58.1	127.0.0.1	1000	2500	23100	23000	☑
116	116永中站	10.10.62.1	127.0.0.1	1400	2500	37300	37200	☑
117	117机场站	10.10.66.1	127.0.0.1	1800	2500	37500	37400	☑
118	118灵昆站	10.10.70.1	127.0.0.1	2200	2500	37700	37600	☑
119	119瓯江口站	10.10.74.1	127.0.0.1	2600	2500	23900	23800	☑
120	120瓯华站	10.10.78.1	127.0.0.1	3000	2500	1400	1800	☑
121	121双瓯大道站	10.10.82.1	127.0.0.1	3400	2500	37500	37400	☑
122	122桐岭车辆段	10.10.86.1	127.0.0.1	3800	2500	23300	23200	☑
123	123灵昆车辆段	10.10.90.1	127.0.0.1	4200	2500	37300	37200	☐

图 3.36　车站参数设置界面

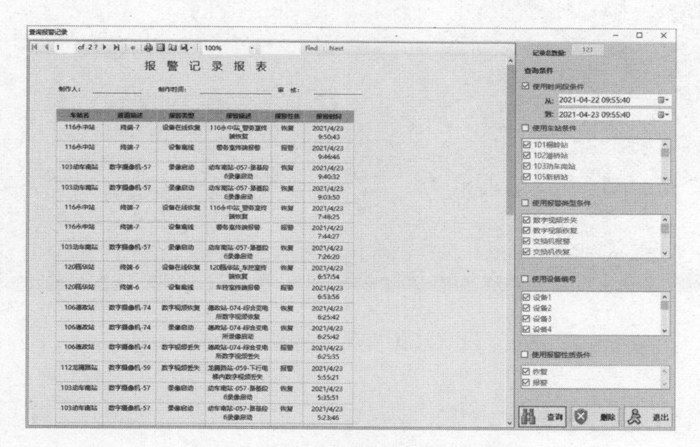

图 3.37　查询报警记录界面

图 3.38　四分屏画面调看

(5)远程可遥控车站任意一台球形一体化摄像机云台的转动及其变焦镜头的焦距调节,可根据具体需要设置多个遥控优先等级,云台通过登录的用户名和密码来区分优先级,被控制时能在软件上显示占用者名称,如图 3.39 所示。

设置云台巡航:云台摄像机按照配置的多个预置位为巡航路线转动的过程。

设置预置位:预先设定的监控方位及摄像机状态,可将监控关键方位设置成预置位。

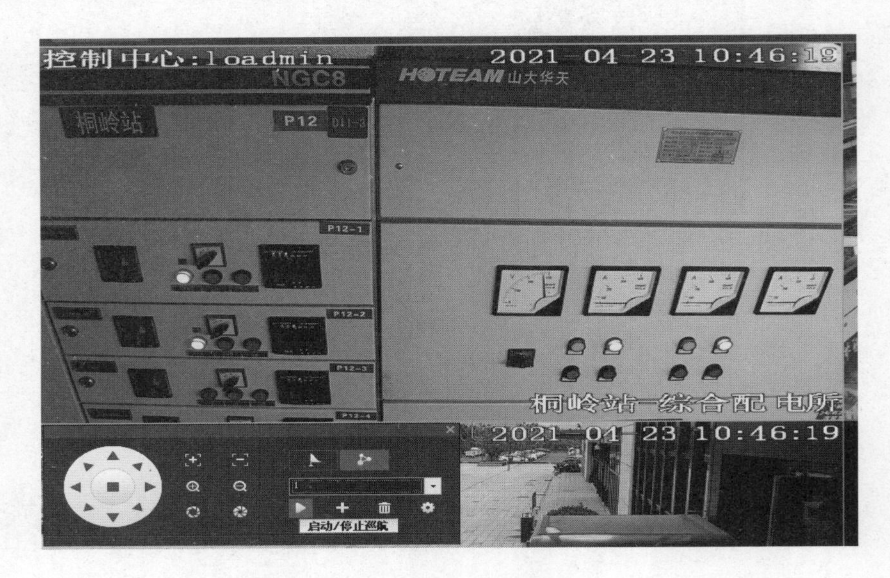

图 3.39　云台控制界面

操作:[实况播放]页面,点击摄像机画面中[云台控制]选项,设置预置位,进入巡航轨迹设置添加预置位。选择相应的巡航路线名称,点击播放键可启动/停止巡航,如图 3.40 所示。

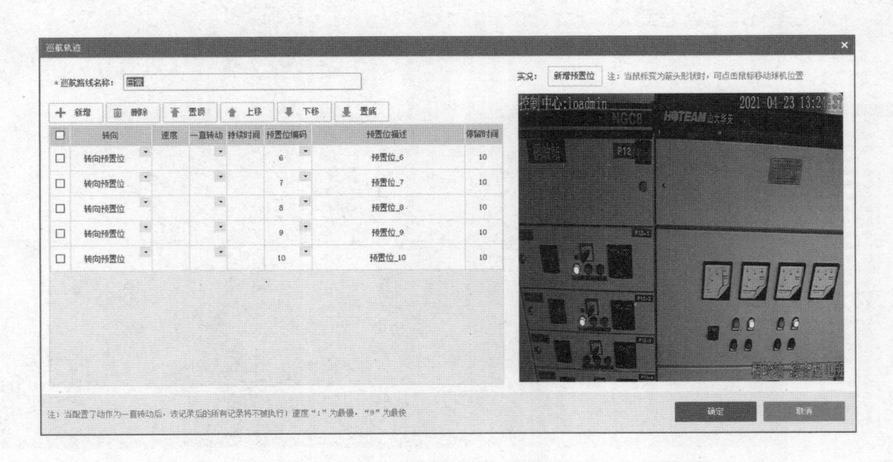

图 3.40　巡航轨迹界面

(6)在车站、车辆段、停车场本地监视系统和中心远端监视系统的监视器所显示的每一幅图像上能显示车站名、段名、场名、摄像机的位置、日期及时间等,字符叠加内容可通过远程网络采用以太网方式对各车站的字符进行远程设置、修改,字符在屏幕上的显示位置任意可调,如图3.41所示。

登录单个摄像机—打开浏览器—输入摄像机IP地址,选择配置—图像—OSD—显示位置/显示内容可调整屏幕显示字符。

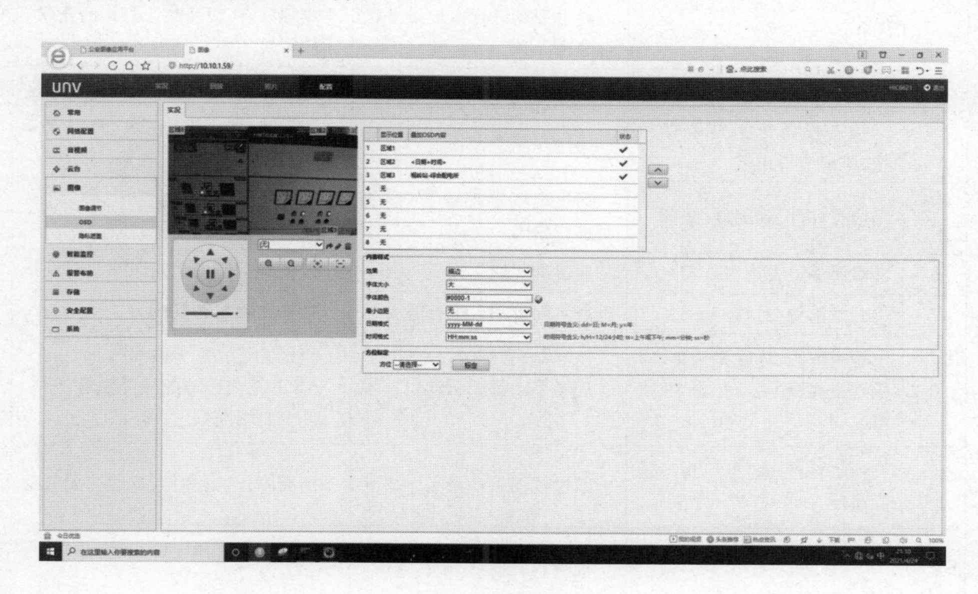

图3.41　字符添加界面

3.7　广播系统维护

广播系统作为城市轨道交通运营行车组织的必要手段,运营期间,系统对车站乘客、维修和运行人员进行广播,提供有关时间表的变更、列车的误点、安全状况、偶发事故等信息;非运营期间,系统除了提供维护用途外,还需作为保证事故抢险,组织指挥等防灾广播,不间断运行。因此,对广播系统的运行管理主要目的是保证系统不间断运行,提供正常的使用功能。

3.7.1　广播系统维护项目

具体维护项目见表3.10。

表 3.10 广播系统维护项目

检修规程	序号	检修内容	检修方法	评定标准	周期
巡检	1	设备机柜、设备表面卫生状况	现场手动清洁	设备机柜内、外和设备表面清洁无积尘	日
	2	设备状态显示是否正常	通过网管进行全线设备状态巡视 通过现场进行本地设备状态巡视	网管状态:全线设备工作正常,无告警 本地状态:设备指示灯运行正常,无故障灯	
	3	设备温湿度是否正常	通过现场巡视	功率放大器温度 30~60 ℃	
	4	检查设备机柜是否有异味、风扇是否正常	通过现场巡视检查	无异味,风扇工作正常,目视无卡顿、无异响	
	5	检查杆件、紧固件、螺丝	通过现场巡视检查(需要时进行紧固)	杆件、紧固件、螺丝无松动	
	6	对终端设备进行查看	通过询问使用人员	设备终端使用无问题	
	7	开站前例行检查	通过网管平台进行巡视	根据网管状态判断	
月度检修	8	检查配线、连线是否良好,线缆是否脱落,孔洞封堵情况	现场手动紧固、封堵	机柜线缆完好无破损 MDF 架内传输配线无脱落 孔洞封堵完好	月
	9	检查杆件、紧固件、螺丝紧固状况	通过现场手动紧固	所有杆件、紧固件、螺丝均无松动	
	10	检查设备机柜接地线及接地排	现场目测检查、手动紧固	地线固定螺丝牢固,无生锈 接地排固定紧固	
	11	检查主设备运转是否正常,有无异响	现场目测、耳听辨别	设备运行正常	
	12	检查防灾广播控制终端	进行口播及设置预录制进行判断	口播、预录制广播均正常,广播语音清晰、无杂音	
	13	检查紧急广播	通过现场巡检操作进行检查	广播可正常使用,声音清晰无杂音	
	14	测试广播控制盒监听功能	通过现场操作	监听各区域广播声音清晰、语速正常、无杂音	
	15	核对系统时间	与时钟系统进行核对	系统时间与时钟子系统保持一致	
	16	对终端工作站进行重启	手动重启终端工作站	终端工作站重启后软件可正常登录,且能正常使用	
	17	检查车辆段插播盒功能	进行人工广播	能够正常广播,清晰无杂音	
	18	检查所有区域的广播	一人进行口播,一人在广播区听	广播可正常使用,声音清晰无杂音	

续上表

检修规程	序号	检修内容	检修方法	评定标准	周期
年度检修	19	设备的深度清洁状况	现场手动清洁	设备及板卡干净无积灰	年
	20	扬声器清洁状况	对存在积灰的扬声器进行清灰	扬声器干净无积灰	
	21	功放切换测试	对车站备用功放进行切换测试,查看其状态是否正常	备用功放状态正常	
	22	站台无线手持终端功能测试	现场进行功能测试	站台无线手持终端呼叫正常	
	23	网管软件升级及系统维护、服务器重启	检查服务器运行指示灯 检查服务器运行声响 检查软件系统运行情况	无告警指示灯 无告警声响 后台进程正常运行,正常登录	
	24	检查磁盘存储状态	现场设备查看	查看各盘的内存大小,若内存超过80%,用专业存储设备进行备份并清理	
	25	中心广播下发功能测试	现场进行测试	功能正常使用	
	26	备份各类服务器的配置(三备份)	登录软件平台备份配置	在OCC用专用U盘备份中心广播服务器和所有站点视频服务器的配置文件	

3.7.2 广播网管操作

广播网管软件是广播系统的重要组成部分,充当整个系统的管理者,可以对系统中各设备和广播区进行实时管理和监控,对DVA模块的语音文件进行管理。

1. 广播主界面主要包括LOGO和信息栏,地铁线路及车站状态显示栏,实时信息状态栏,如图3.42所示。设备和广播区实时状态将实时信息栏一分为二,左边显示网管终端所配置的设备中故障或离线的设备信息,右边则显示广播区实时状态信息。车站操作:将鼠标放置在相应"车站位置"上,可显示车站的简要信息。双击车站按钮后进入单个车站监控视图,包含车站设备机柜模型,设备列表等信息,如图3.43所示。

2. 设置菜单对网管运行程序进行修改,包括"线配置""站配置""设备管理""区管理""DVA编辑"和"集中告警"等子菜单,如图3.44所示。

线配置:主要用对网管地铁线路进行管理,进行添加、删除和更新等操作。

站配置:用于对网管所创建的地铁线路进行车站管理,对现有地铁线进行添加、删除和更新车站信息等。

设备管理:用于对网管各车站进行操作,以达到对设置进行监控的目的。主要操作包括添加、删除和更新车站设备信息等。

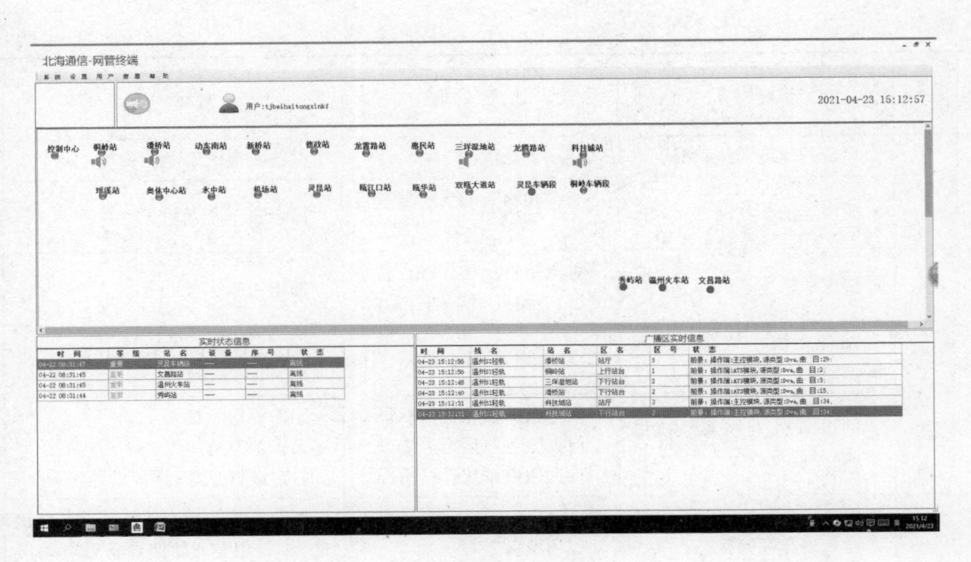

图 3.42　广播主界面

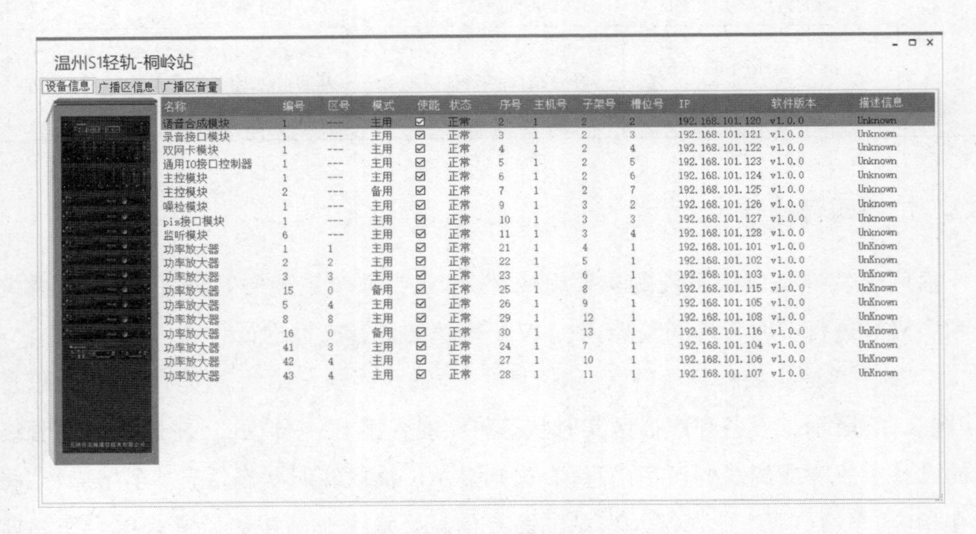

图 3.43　车站设备信息界面

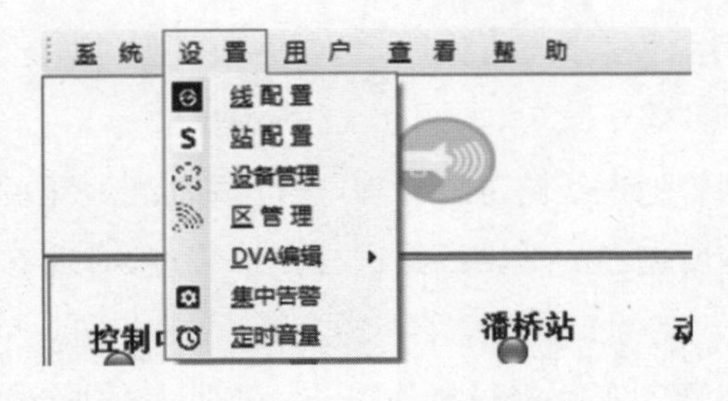

图 3.44　设置菜单页面

区管理：用于对网管各车站进行广播区操作，以达到对车站广播区进行监控和设置等目的，可以对车站进行添加、删除和更新广播区信息，以及音量设置等操作。

DVA 编辑主要是对各车站 DVA 模块进行音频信息管理，可以对各车站 DVA 模块添加有效的音频文件，删除文件等操作，如图 3.45 所示。

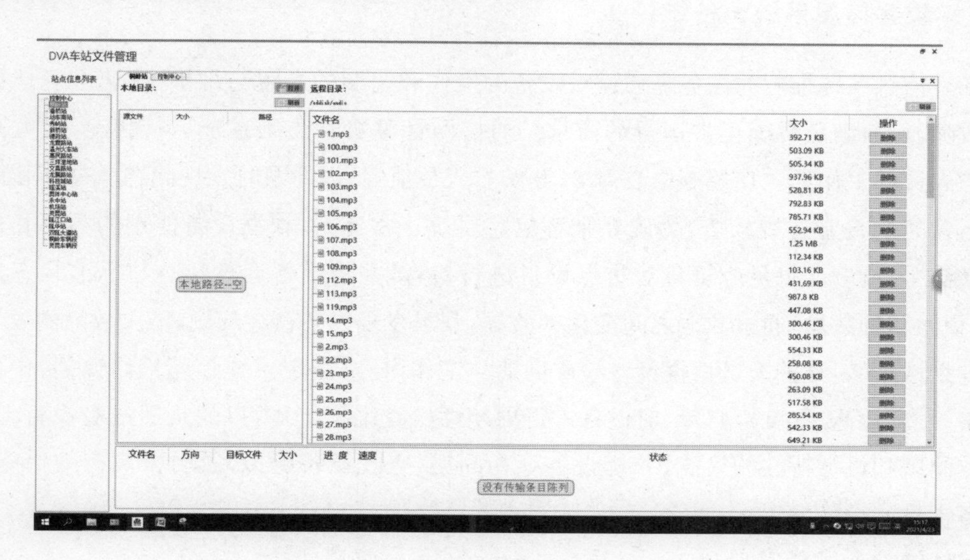

图 3.45　DVA 模块界面

3. 网管软件可对各站广播区日志、设备日志及软件操作日志进行查询及导出，点击“查看”—“日志”选择日志类型、时间段、车站，点击查询日志即可，如图 3.46 所示。若要导出记录，点击导出日志。

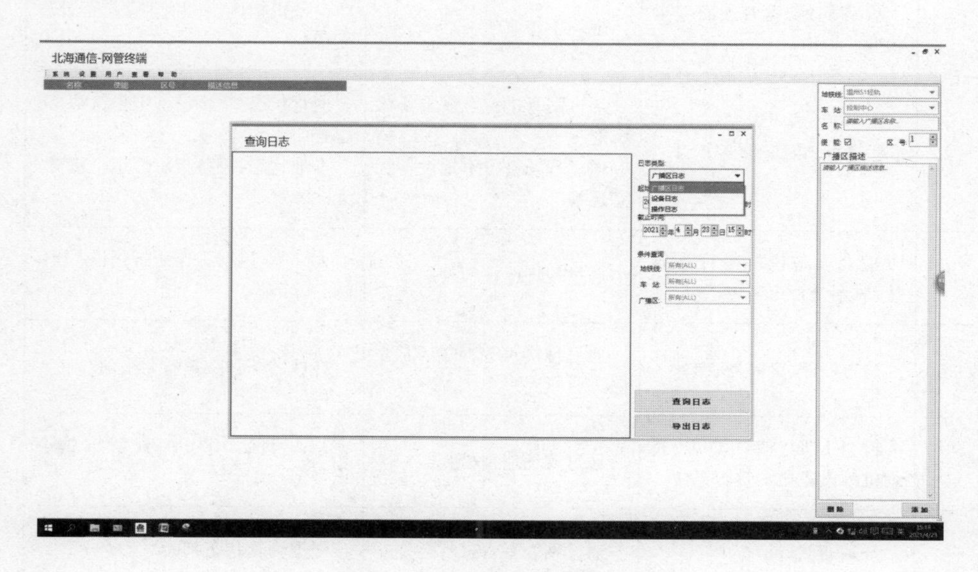

图 3.46　查询日志界面

3.8 乘客信息系统维护

3.8.1 乘客信息系统设备维护

乘客信息系统维护的任务是通过对设备的操作和定期的巡视与维护，快速准确地处理系统故障，从而满足系统正常运行的需求。通信网管可实时监测系统运行状况，大大减少了维护人员的工作量。在控制中心需 24 h 安排人员值守，以便及时发现问题、解决问题。

运营时的日常巡视检查：为确保乘客信息系统正常运行，根据设备使用的频率和重要程度，维护人员应该每月或每日对重点设备进行检查，并将设备运行状态与标准状态进行比较，积累基础数据，通过数据之间变化和差异，及早发现设备存在问题，减少故障的发生。

计划性维修：维护人员根据设备检修周期与工作内容，制定系统年度检修计划，包含日常巡检、月度检修、年度检修等，对设备进行周期性检查维护工作，目的是通过对设备参数、性能的测试和机械特性的检查，分析设备存在问题，查找设备隐患，及时采取有效措施，减少设备常见的故障发生。

具体维护项目见表 3.11。

表 3.11 乘客信息系统设备维护项目

检修规程	序号	检修内容	检修方法	评定标准	周期
巡检	1	设备机柜、设备表面卫生状况	现场手动清洁	设备机柜内、外和设备表面清洁无积尘	日
	2	设备状态显示是否正常	通过网管进行全线设备状态巡视 通过现场进行本地设备状态巡视	网管状态：全线设备工作正常，无告警 本地状态：设备指示灯运行正常，无故障灯	
	3	检查设备机柜是否有异味、风扇是否正常	通过现场巡视检查	无异味，风扇工作正常，目视无卡顿、无异响	
	4	检查杆件、紧固件、螺丝	通过现场巡视检查（需要时进行紧固）	杆件、紧固件、螺丝无松动	
	5	检查 LCD 屏、LED 屏、查询机等设备显示是否正常	通过现场巡视检查	LCD 屏、LED 屏、查询机状态正常	
	6	开站前例行检查	通过网管平台进行巡视	根据网管状态判断	

续上表

检修规程	序号	检修内容	检修方法	评定标准	周期
月度检修	7	检查配线、连线是否良好，线缆是否脱落，孔洞封堵情况	现场手动紧固、封堵	机柜线缆完好无破损 ODF架内尾纤完好无破损 MDF架内传输配线无脱落 孔洞封堵完好	月
	8	检查杆件、紧固件、螺丝紧固状况	通过现场手动紧固	所有杆件、紧固件、螺丝均无松动	
	9	检查设备机柜接地线及接地排	现场目测检查、手动紧固	地线固定螺丝牢固，无生锈 接地排固定紧固	
	10	检查主设备运转是否正常，有无异响，风扇卫生状况	现场目测、耳听辨别、手动清洁	设备运行正常 设备风扇转速正常、无积尘	
	11	全面检查LCD、LED屏安装支架、吊杆状态	现场检查	LCD(含47寸、55寸)、LED屏(含户内外屏)安装稳固，无坠落隐患	
	12	对终端设备表面灰尘进行清洁并查看防潮情况	通过现场检查、手动清洁	设备表面无积尘，清爽干净	
	13	检查PIS系统网管终端及工作站清洁状况	网管终端及工作站软硬件检查及清洁	显示器、键盘、鼠标、主机外观完好，表面无积尘 播放管理软件能够正常登录	
	14	重启网管终端工作站	对网管终端工作站进行重启	重启网管工作站，重新登录网管软件，恢复软件正常运行	
	15	检查与时钟系统校对时间	用KVM进行检查	时间与时钟系统保持一致	
	16	查看与ATS/ISCS接口软件运行情况	用KVM查看报文	软件正常开启、无报错，数据收发正常	
年度检修	17	检查服务器、交换机、路由器工作状态及清灰	检查中心服务器、视频流服务器、咨询应用服务器、接口服务器、车载视频服务器、补包服务器等各种软件是否正常运行 各类服务器、交换机、车站播控机清灰	各种服务器状态指示灯正常无告警，各种服务器软件运行正常	年
	18	服务器(中心、视频流、接口、补包)、网管软件升级及系统维护、重启	检查服务器运行指示灯 检查服务器运行声响 检查软件系统运行情况	无告警指示灯 无告警声响 后台进程正常运行，正常登录	
	19	检查中央核心交换机、控制中心接入交换机	测试核心交换机冗余功能	测试交换机冷热冗余功能正常 备份交换机数(U盘、服务器、工作站F盘3备份，保存至/备份/数据/××年××月)	

续上表

检修规程	序号	检修内容	检修方法	评定标准	周期
年度检修	20	检查中心服务器(A、B)、中心接口服务器	检查服务器运行状态 测试通信状态 检查D盘使用率 检查最后一次杀毒日志 检查各软件运行情况 检查服务器系统时间 检查时钟同步情况 进行服务器倒换	主/备服务器运行正常，面板Power指示灯为绿色，故障灯熄灭 使用ping命令测试100个数据包，丢包率少于5%为正常 当D盘已使用空间大于80%时，手动删除MEDIA文件夹的过期视频和PLAYLIST文件夹过期播表 无病毒，反之病毒已清除 Sys Manager、Net Manager软件能正常启动，功能正常 服务器时间与时钟系统标准时间一致 把操作系统时间向前调整10 min，在30 s内时间自动同步 数据备份正常(U盘、服务器、工作站F盘3备份，保存至/备份/数据/××年××月)	年
	21	线网编播中心的灾备	由线路编播中心向外下发媒体流	通过线路编播中心直接下发媒体流，控制中心PIS终端能查看到相应的媒体内容	
	22	乘客信息系统网管终端数据备份(三备份)、磁盘空间检查	手动操作	数据备份正常 磁盘空间使用正常	

3.8.2 乘客信息系统网管操作

PIS系统软件可以概括地分为媒体编辑与发布系统和综合信息管理子系统两个部分。媒体编辑与发布系统用于编辑媒体内容及下发计划；综合信息管理子系统对包括媒体播放器在内的各种设备进行开关控制及各类信息的管理。两者相辅相成，实现对媒体播放内容的灵活有效控制。

综合管理子系统主要包括以下内容。

1. 设备监控：主界面显示车站拓扑图及设备树，存在告警的设备站点将显示红色。在设备树中点击车站，再点击右侧的车站设备，进入车站的设备地理位置图，当鼠标移动到地图中的设备上时会以浮动框形式显示设备的状态信息，如图3.47所示。

2. 在设备树中点击播放器，再点击右侧的播放器监控，进入player监控界面，点击“截屏”按钮可以截取当前player播放的画面，点击“刷新”按钮可以显示最新截取的图片，点击“保存”按钮可以下载最新截取的图片，如图3.48、图3.49所示。

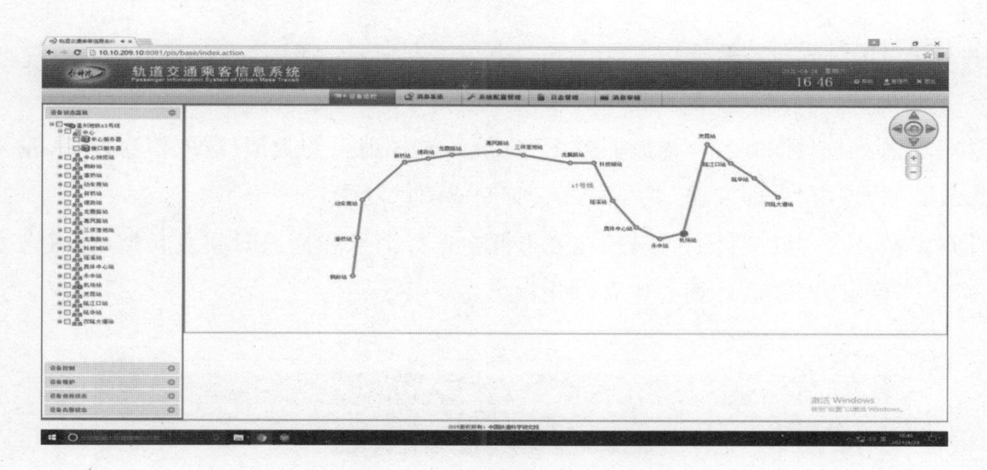

图 3.47　PIS 网管总界面

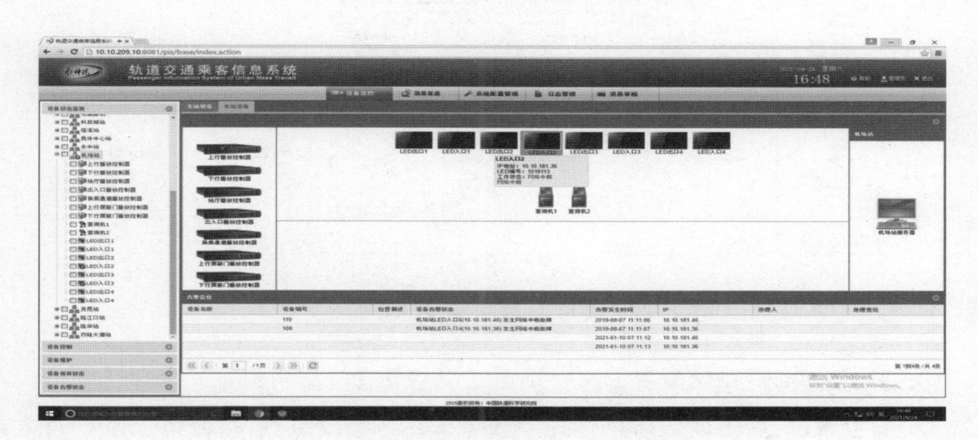

图 3.48　PIS 设备管理界面

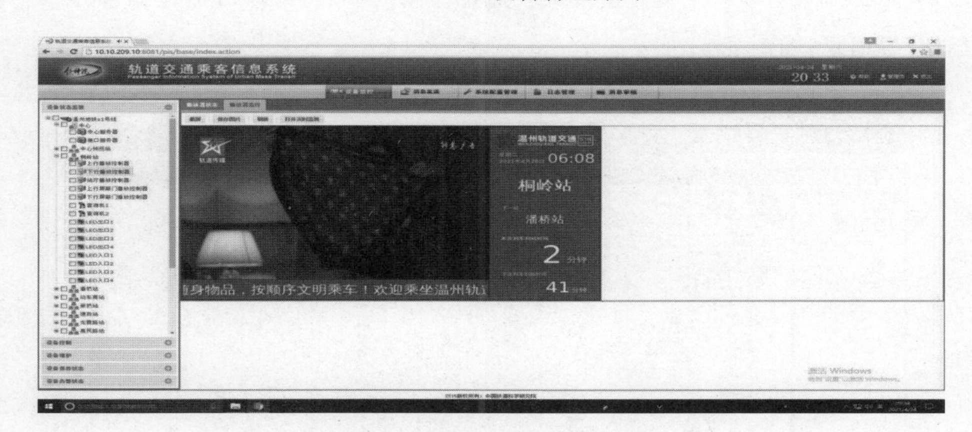

图 3.49　远程查看界面

3. 设备控制：可对 LCD 播控、LED、查询机等设备进行开关机、重启等操作。如打开播放器操作：在设备树中勾选播放器—点击设备树中的任意一个播放器设备—点击右侧控制工具条中的“打开播放器”按钮。

4. 消息发送

常规发送:勾选目的设备(播放器或 LED 屏),选择消息的类型,选取消息模板,输入消息的播放时间,点击“立即发送”或“加入队列”完成消息发送。

计划发送:点击“新建计划”按钮,在弹出框中选择消息和播放时间及日期,输入计划名称,最后点击保存,即完成计划的建立,如图 3.50 所示。

图 3.50 远程信息发送界面

5. 预定义消息修改:系统配置管理—预定义消息管理—编辑消息—保存。

6. 系统配置管理:点击设备信息管理—选择车站—修改节点,可修改上下行首末班车时间(LCD/LED);点击设备管理—选择某一播控—修改节点,可修改播控编号、区域、自动开关机时间等信息,如图 3.51 所示。

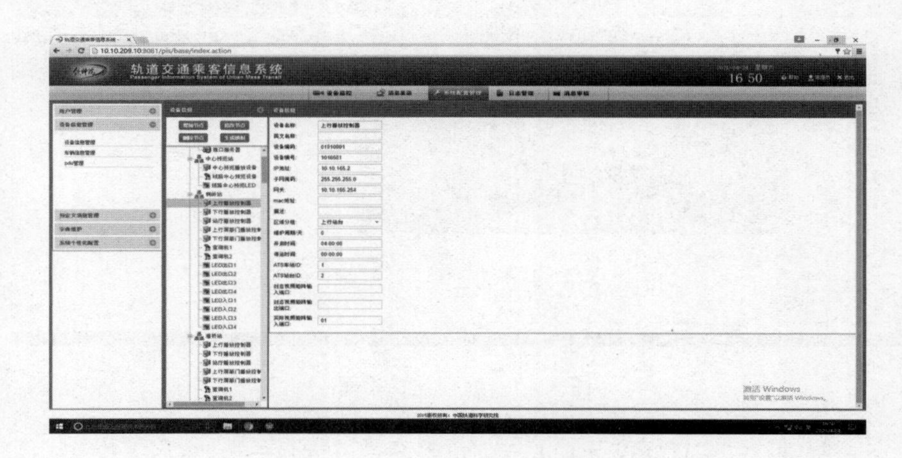

图 3.51 远程计划控制界面

第4章 城市轨道通信系统安全操作与故障处理

4.1 通信系统安全操作规定

4.1.1 通信维保工作中基本安全规定

1. 三不动

未联系登记好不动；对设备性能、状态不清楚不动；对正在使用中的设备不动。

2. 三不离

检修完不复查试验好不离开；发现故障不排除不离开；发现异状、异味、异声不查明原因不离开。

3. 三清

对于故障和事件要做到时间清、地点清、原因清。

4. 四懂四会

从业人员需做到懂设备结构、会使用；懂设备性能、会维修；懂设备原理、会排除故障；懂设备用途、会操作。

4.1.2 通信专业安全规定

1. 工器具的安全使用注意事项

(1)有锋刃的各种工具(如刨、钻、凿、斧及各种刀类等)不准插入腰带上或放置在衣服口袋内；运输或存放时，锋刃口不可朝上向外，以免伤人。

(2)使用手锤、榔头不允许戴手套，双人操作时不可对面站立，应斜对面站立。

(3)传递工具时，不准上扔下掷。放置较大的工具和材料时必须平放，以免伤人。

(4)工具、器械的安装，应牢固、松紧适当，防止使用过程中脱落或断裂，发生危险。

(5)使用钢锯，锯条要装牢固、松紧适中，使用时用力要均匀，不要左右摆动，以免钢锯条折断伤人。

(6)使用扳手、钳子时，应进行检查，活动部件损坏或活动不自如时不准使用，不要用力过猛，不准相互替代，不准加长扳手的把柄。

(7)对于专用工具，应根据其特性，严格按照使用说明进行操作。

2. 带电设备去作业安全规定

(1)在低压电力线下方或附近作业，必须严防与电力线接触。

(2)对带有 220 V 及以上电压的设备进行操作时，应切断电源，必须双人作业，无法切断电源的必须佩戴防护用品。设备停电作业时，须派专人负责断电，并须在电源开关处悬挂停电作业牌。

(3)对高于 36 V 电压的设备进行作业时，使用带绝缘的工具，穿绝缘胶鞋(室内应站在绝缘板上)；不得同时接触导电和接地部分；未脱离导电部分时，不得与站在地面的人员接触或相互传递工具、材料。

(4)对低压交流配电屏、高开配电屏和整流器进行带电检修作业时，必须使用带绝缘柄的工具，站在绝缘垫上并穿绝缘鞋。

3. 单板类操作安全规定

(1)在设备检修中做好防静电措施，插拔单板时要戴防静电手环，避免损坏单板。

(2)插拔单板时要小心操作，不要野蛮插拔。

(3)注意备用单板的防潮防静电处理。

(4)更换光板时，注意应先拔掉光板上的光纤，再拔光板，不要带纤插拔板卡。进行自环测试，或使用 OTDR、光功率计进行较近测试时，需加光衰帽，防止光板损坏。

(5)部分板卡在进行更换时，需进行信息备份或重新配置数据。

(6)维保人员在进行设备检修时做到小心轻拿轻放，保护设备不被损坏。

4. 光传输类操作安全规定

(1)光接口板上未使用的光口必须采用防尘帽盖住。

(2)日常检修工作中使用的尾纤不用时，尾纤接头也要戴上防尘帽。

(3)不可直视光板上的光口，以防激光灼伤眼睛。

(4)清洗光纤头时，应使用无尘纸蘸无水酒精小心清洗，禁止使用普通的工业酒精、医用酒精或水。

5. 电源类操作安全规定

(1)严禁电源电缆带电安装、拆除。电源线在接触导体的瞬间，会产生电火花或电弧，会对设备造成伤害。在进行电源电缆的安装、拆除操作之前，必须关掉电源开关。

(2)通电前，按照机柜接线图认真仔细检查所有电源线连接位置是否正确，确认无短路现象，再开启相应设备开关。

(3)上电后，认真观察各设备电源指示灯是否正常亮起。如有设备电源指示灯异常或设备发热、异常等情况应马上关闭电源，重新认真检测系统连接。

(4)设备断电的顺序：先下级设备断电，再上级设备断电。

6. 网管类设备操作安全规定

(1)网管系统在正常工作时不应退出，退出网管不会中断业务，但会使网管在关闭后失去对设备的监控能力，破坏对设备监控的连续性。

(2)定期备份配置数据，保证人为操作失误时可立即恢复配置数据，实现业务的快速恢复。

(3)不得在网管计算机上安装下载各种游戏软件，以及向网管计算机拷入无关的文件或软件。定期用杀毒软件对网管计算机进行杀毒，防止计算机病毒感染网管系统。

7. 各系统终端设备操作安全规定

(1)调度台是数字话机，使用2B+D数字接口，不能接在普通模拟电话端口上，普通模拟电话也不能接在2B+D数字接口上，否则容易引起故障。数字话机同样不能并线使用。

(2)数字话机的所有功能和按键设置，均存储于CORAL交换机上，与号码端口绑定，因此更换数字话机不会对原功能设定有影响。

(3)无线调度台、广播盒、话筒前级在使用或闲置时，不要用力弯曲话筒，避免因内部线缆损坏造成话筒失灵。

(4)人工手动更换音频文件时，语音合成模块内的SD卡禁止热插拔，必须将机箱断电后再取卡。

(5)功放监听功能在平时闲置时应处于监听关闭状态，避免监听扬声器长时间工作影响寿命。

(6)视频监控系统磁盘阵列不可随意插拔。

(7)摄像机安装时，须先将转接环与支架连接口安装到位，再将尾线转接单元与转接环卡接固定，顺序不允许颠倒，否则可能会损伤尾线或者导致设备进水。

(8)禁止将镜头长时间瞄准强光物体，特别注意不可使其瞄准太阳或其他的强光源，否则可能造成设备成像器件永久受损。

8. 设备卫生清洁时注意事项

(1)透明球罩和前脸无污斑，轻度沾灰时，须使用无油软刷轻轻弹落或吹风。

(2)透明球罩、前脸沾染油脂或有灰尘结斑时，将油污或灰尘结斑用防静电手套或无油棉布自中心向外轻轻擦拭；如果无法擦拭干净，再用防静电手套或无油棉布蘸家用洗洁精后自中心向外轻轻擦拭，直到干净为止。

(3)禁止使用有机溶剂(苯、酒精等)对透明球罩、前脸等进行除尘、清洁。

(4)摄像机镜头有污渍时，应使用专用清洁工具组套进行清洁。

4.2 传输系统故障处理

传输系统故障现象及处理建议见表4.1。

表4.1 传输系统故障现象及处理建议

序号	故障现象	处理建议	备注
1	光口接收信号丢失(LOS)	排查思路： 1. 光连接不良使接收光功率过低； 2. 光接收模块或者对端光发送模块损坏； 3. 机房内从ODF架到光板的尾纤损坏 处理方法： 1. 用光功率计测试收光功率，是否在光板的接收灵敏度范围内； 2. 分别用尾纤自环本端和对端的光板，对长距光板自环时，需加10 dBm的衰耗器，以确定是本端还是对端的故障； 3. 更换光板； 4. 更换相应的尾纤	1. 触碰板卡时需要佩戴防静电手环； 2. 网管监控存在一定的延时，故障恢复后网管终端告警仍存在，此时以现场故障告警消除为准，但须持续与网管确认设备状态直至告警消除； 3. 对设备进行操作之前须进行安全技术交底，并掌握相关设备的基本操作流程和方法； 4. 严格按照各类规章及规程进行作业，发现违章行为须严厉制止
2	帧丢失(LOF)	排查思路： 1. 光接收信号不是同等级别信号，如STM-1的端口收到STM-4的信号； 2. 光板故障； 3. 本站点的时钟板故障 解决方法： 1. 用光功率计测试收光功率，是否在光板的接收灵敏度范围内； 2. 分别用尾纤自环本端和对端的光板，对长距光板自环时，需加10 dBm的衰耗器，以确定是本端还是对端的故障； 3. 更换光板； 4. 更换时钟板	
3	复用段告警指示(MS-AIS)	排查思路： 1. 网管在对端光板的发送端强制插入了MS-AIS； 2. 对端设备是REG，对端的光接收有LOS，LOF或OOF告警 解决方法： 1. 在网管上清除强制插入的AIS告警； 2. 检查对端光收有告警的原因，解决对端光收告警后本端告警自行消失	
4	复用段远端缺陷告警指示(MS-RDI)	排查思路： 对端设备是ADM，对端的光板有LOS、OOF、LOF或MS-AIS告警 解决方法： 找到对端出现告警的原因并进行相应的处理，对端的告警消失后本端告警自行消失，通常是对端收无光	

续上表

序号	故障现象	处理建议	备注
5	AU4 通道告警指示(AU-AIS)	排查思路： 1. 交叉板故障或者光板故障或者光板的光口报 LOS、LOF 等； 2. 网管在对端强制插入了 AU-AIS 告警； 3. 在网管上的时隙配置不正确； 4. 两端的光板都自环，并没有上业务 解决方法： 1. 检测是网管时隙配置是否正确； 2. 通过网管上做环回，以确定故障点； 3. 通过更换光板或者交叉板； 4. 在网管上清除对端强插的 AU-AIS 告警	1. 触碰板卡时需要佩戴防静电手环； 2. 网管监控存在一定的延时，故障恢复后网管终端告警仍存在，此时以现场故障告警消除为准，但须持续与网管确认设备状态直至告警消除； 3. 对设备进行操作之前须进行安全技术交底，并掌握相关设备的基本操作流程和方法； 4. 严格按照各类规章及规程进行作业，发现违章行为须严厉制止
6	再生段(复用段、高阶通道)信号劣化	排查思路： 1. 单板性能不好引起告警； 2. 接口连接不良使接收功率或电平过低 解决方法： 用仪表测试接收光功率或者接收电平，或者更换单板，或者处理线路故障	
7	2M 接收信号丢失(LOS)	排查思路： 1. 2M 电接口没有收到信号； 2. 2M 电缆没有接好、虚焊、电缆中间断； 3. 该支路 2M 接收电路有故障，如被雷击等； 4. 与本板对接的设备的 2M 信号发电路有故障 解决方法： 1. 通过 2M 电缆自环，判断故障点； 2. 若依旧有 LOS 告警，则检查电缆，或者更换该 ET1 板； 3. 若自环 LOS 告警消失，则是对端的 2M 发信号有问题，或者对端的发信号的电缆有问题	
8	TU12-AIS 通道告警指示信号	排查思路： 1. 时隙配置不正确； 2. 从网管上在对端插入了告警； 3. 本端或对端光板、支路板、交叉板有故障 解决方法： 1. 从网管上根据该告警的来源板，查看来源板是否有告警，以及该来源板的时隙配置是否正确，若该来源板有告警，则先解决该板的告警，或者修改时隙配置； 2. 通过光板的环回或者时隙环回，以确定故障点； 3. 将网管上插入的告警清除	

续上表

序号	故障现象	处理建议	备注
9	TU12 指针丢失	排查思路： 1. 对应光板有告警，或对端时隙未配置； 2. 从网管上插入了告警； 3. 本端或对端 EP1 单板有问题 解决方法： 1. 从网管上的时隙配置表查找该支路的业务来自哪个光板，若该光板有告警，则先解决该光板的告警，或者补齐配到对端 EP1 板的时隙； 2. 将网管上插入的告警清除； 3. 在确认对应光板无告警的情况下，可以将该支路的 2M 业务从另一块好的 2M 单板 B 进行上下，如果单板 B 无告警，则认为源端单板正常，而是本单板有故障，应进行维修；如果单板 B 也有告警，则认为源端 2M 单板有故障，应进行维修办法为对光连接进行检测后插好光纤，保证光连接正确可靠	1. 触碰板卡时需要佩戴防静电手环； 2. 网管监控存在一定的延时，故障恢复后网管终端告警仍存在，此时以现场故障告警消除为准，但须持续与网管确认设备状态直至告警消除； 3. 对设备进行操作之前须进行安全技术交底，并掌握相关设备的基本操作流程和方法； 4. 严格按照各类规章及规程进行作业，发现违章行为须严厉制止
10	数据业务故障： 数据业务不通；数据业务丢包；数据业务带宽与设置值不符	排查思路： 1. 检查传输业务是否有故障，如果传输业务有告警，先处理传输业务告警； 2. 检查交叉网线和直连网线制作及使用是否正确，是否有网线错连； 3. 检查数据单板是否有接口类告警，如有，检查接口电缆或光纤是否有问题，对于有光接口的数据单板，检查光口接收光功率是否正常 检查数据业务配置： 1. 检查用户端口属性设置，正确设置端口的速率和双工模式，两端的速率和双工模式必须设置一致，正确配置用户端口出口速率限制； 2. 检查 VCTRUCK 端口属性设置，如端口容量、封装模式、LCAS 设置等； 3. 检查 VLAN 的设置及端口的 VLAN 处理模式是否设置正确； 4. 检查设备硬件：利用网管上的告警、性能数据判断是否数据单板故障，可通过复位、更换单板解决	

续上表

<table>
<tr><th>序号</th><th>故 障 现 象</th><th>处 理 建 议</th><th>备注</th></tr>
<tr><td>11</td><td>风扇故障：
风扇盒面板上的指示灯不正常，红色指示灯长亮；
网管上报风扇故障告警</td><td>排查思路：
1. 观察设备风扇运转是否正常；
2. 检查电缆和接口的连接；
3. 检查风扇盒是否完全插入风扇插箱
检查设备硬件：
1. 观察网管上是否有风扇故障告警，更换风扇；
2. 检查风扇盒面板上的指示灯是否正常。正常情况下，绿色指示灯长亮，红色指示灯长灭。若红色指示灯长亮，表示风扇堵转，更换风扇</td><td rowspan="2">1. 触碰板卡时需要佩戴防静电手环；
2. 网管监控存在一定的延时，故障恢复后网管终端告警仍存在，此时以现场故障告警消除为准，但须持续与网管确认设备状态直至告警消除；
3. 对设备进行操作之前须进行安全技术交底，并掌握相关设备的基本操作流程和方法；
4. 严格按照各类规章及规程进行作业，发现违章行为须严厉制止</td></tr>
<tr><td>12</td><td>物理接口性能事件：
CV(编码违例)告警</td><td>故障原因：
不同速率电信号产生 CV 的原因相似，以最常用的 2M 信号为例，其原因包括：
1. 支路板本身的接口部分性；
2. 在拔插接口电缆的瞬间，支路端口会产生轻微的 CV 计数；
3. 电缆的焊接或压接质量不良；
4. 如果几乎所有的支路都上报 CV，原因可能是交换设备、传输设备没有共地；
5. 电缆质量不好
影响程度：
1. CV 值比较小，15 min 内有几个或没有，24 h 内零星上报，对业务不会有影响；
2. CV 值 15 min 内较大，而且是持续的增加，业务可能受影响，出现话音噪声或数据乱码，严重可导致业务中断；
3. 突发式出现很大的 CV 值，瞬间中断业务
处理方法：
1. 隔离交换设备和传输设备，分别用误码仪测试相应的净传输通道，确定 CV 上报源是交换设备还是传输设备。
2. 如果 CV 上报源是传输设备，断开该通道的业务连接，通过网管查找上报 CV 的网元，定位故障点，根据不同的产生原因有以下处理方法：
(1)如果由于 2M 支路板的接口部分性能造成，通过硬件环回可以判断，一般通过更换支路板可以解决；
(2)如果由于电缆连接质量不良导致，应重新焊接或压接电缆，避免接触不良；
(3)如果由于电缆质量造成，应更换电缆；
(4)对于接地不良造成的 CV，通常是由于不同厂家的设备业务接口地线设计不同导致。解决办法是重新做地线，也可以考虑在发端芯线串联一个电容，电容可以使用容量为 0.1 μF～1 μF的钽电容</td></tr>
</table>

续上表

序号	故障现象	处理建议	备注
13	再生段性能事件： 再生段性能事件通过再生段开销字节B1实现，B1字节采用8个比特作为奇偶校验，B1字节在接收端网元进行检测和终结，不向下一网元传递	故障原因： 1. 外部原因：光纤接头不清洁或连接不正确，光纤性能劣化、损耗过高； 2. 设备原因：光板收发光模块、时钟板及时钟质量不好； 3. 人为原因：使用网管软件在再生段进行了插入误码操作，并且未删除 影响程度： 1. 零星小误码，规律性较强，每24 h有几次或几天一次或连续，平均每个误码秒1个BBE，该误码一般不产生低级别误码，对业务影响很小； 2. 大误码，规律性较强，每24 h有几次或几天一次，平均每个误码秒最少5个BBE，偶尔伴有瞬间帧失步告警（持续5～6 s）和OFS计数，导致B2、B3误码，所有业务都有影响，尤其对电视业务会有短暂马赛克或停帧，但对电话或数据业务，用户一般察觉不到； 3. 突发连续大误码，上报性能超值告警，伴随帧失步告警，系统不可用时间开始，业务频繁瞬断 处理方法： 1. 首先将本端设备的线路光接口自环，适当调节光纤插入深度，若告警消失，则是由于光功率过强或过弱引起。 （1）如果光功率过强，应在线路中加入衰减器调节； （2）如果光功率过弱，应清洗尾纤后重新连接，或更换光发功率强的光模块。 2. 如果是光板或时钟板所致，应更换相应单板。 3. 如果在网管软件中插入误码所致，应在网管中删除此误码，并将命令下发	1. 触碰板卡时需要佩戴防静电手环； 2. 网管监控存在一定的延时，故障恢复后网管终端告警仍存在，此时以现场故障告警消除为准，但须持续与网管确认设备状态直至告警消除； 3. 对设备进行操作之前须进行安全技术交底，并掌握相关设备的基本操作流程和方法； 4. 严格按照各类规章及规程进行作业，发现违章行为须严厉制止
14	复用段性能事件： 复用段性能事件由复用段开销B2、K1、K2字节实现。K1/K2字节用于MS-PSD和MS-PSC性能事件，B2用于复用段误码的监视。复用段误码采用3个B2字节共24比特作为奇偶校验，B2字节在接收端网元进行检测和终结，同时向发送端网元发出对告信息，不向下一网元传递。 只有处理复用段开销的网元设备才处理B2字节，因此中继设备（REG）对B2字节不作任何处理，直接发至下一网元。分插复用器（ADM）和终端复用器（TM）均将B2终结、重新发起校验记数，并将B2的对告消息回送至发送端网元	故障原因： 1. B1误码导致B2误码，此时产生的原因同B1误码； 2. 光板损坏； 3. 使用网管软件在复用段进行了插入误码操作，并且未删除； 4. 网络中有复用段倒换事件发生 影响程度： 1. B2误码较少时，对系统的影响不大，当性能持续劣化以至于误码超过性能门限时，上报性能超值告警； 2. 如果网管同时上报帧失步告警和B2性能超值告警，对于配置有复用段保护的网络将进行复用段倒换，MS-PSD和MS-PSC开始计数，倒换正常时，MS-PSC计数为偶数，倒换恢复时，MS-PSD统计时间清零，等待下次倒换重新计数； 3. 如果B2误码随B1误码出现，应首先解决B1误码； 4. 如果在网管软件中插入误码所致，应在网管中删除此误码，并将命令下发； 5. 当网络中发生复用段倒换事件时，如果MS-PSC倒换计数为奇数，首先检查网络中是否出现NCP板拔板或故障、光口自环、保护关系配置错误、APS被暂停、APS-ID不一致、倒换控制命令上下不一致、保护光板对之间无法正常传递K字节等情况。如果存在，应首先解决以上问题，如果没有，通过给复用段环中各点下发复位APS命令解决	

续上表

序号	故障现象	处理建议	备注
15	高阶通道性能事件： 高阶通道性能事件通过高阶通道开销 B3 实现，B3 字节负责监测 VC4 在 STM-N 帧中传输的误码性能，使用 8 个比特对高阶通道作为奇偶校验。B3 字节由通道的始端网元发起，在通道中经过的 ZXSM-600(V2)设备中透传，不进行处理，在整个通道的终端网元进行终结。 B3 误码的对告字节为高阶通道开销 G1。G1 将通道终端状态和性能情况回送给 VC4 通道源设备，从而允许在通道的任一端或通道中任一点对整个双向通道的状态和性能进行监视。网元的 B3 BBE/ES/SES/UAS 与对端网元的 B3 FEBBE/FEES/FESES/FEUAS 伴随产生。	故障原因： 1. 外部原因：光功率过强或过弱； 2. 设备原因：光板、时钟板或交叉板损坏； 3. 人为原因：使用网管软件在高阶通道进行了插入误码操作，并且未删除 影响程度： 1. B3 误码较少时，对设备影响不大（B3 误码通常伴随 B1,B2 误码的产生而产生）； 2. 当性能持续劣化，B3 误码超过其门限值时，上报 B3 误码性能超值告警，通道传输质量下降 处理方法： 1. 首先检查是否存在 B1 和 B2 误码，如果有，处理 B1、B2 误码； 2. 如果不存在 B1 和 B2 误码，在上报 B3 误码的通道中寻找 B3 误码的起点，解决起点的 B3 误码后，沿通道寻找下一个新的 B3 误码起点，以此类推，直至全部解决； 3. 如果在网管软件中插入误码所致，应在网管中删除此误码，并将命令下发	1. 触碰板卡时需要佩戴防静电手环； 2. 网管监控存在一定的延时，故障恢复后网管终端告警仍存在，此时以现场故障告警消除为准，但须持续与网管确认设备状态直至告警消除； 3. 对设备进行操作之前须进行安全技术交底，并掌握相关设备的基本操作流程和方法； 4. 严格按照各类规章及规程进行作业，发现违章行为须严厉制止
16	指针调整性能事件： 在 SDH 帧结构中，利用特定位置的若干个字节来记载 SDH 帧中数据信息的起始位置，即利用这些字节表征数据信息的相位，这些字节就是指针。 当网络处于同步工作状态时，指针用于进行同步信号之间的相位校准，当网络失去同步时，通过指针调整，校准频率和相位，由于各种信号所携带的网元时钟快慢不一，指针调整分为正指针调整和负指针调整。指针调整字节在接收端网元进行检测和终结，不向下一网元传递	故障原因： 1. 外部原因：时钟失锁，时钟锁定质量不高，或长期运行后时钟板、光板损耗过大； 2. 设备原因：时钟板、光板故障，对于 TU-3/TU-12 而言，支路板故障也是产生指针调整的原因； 3. 网管原因：人工执行强制倒换命令未解除、时钟源配置有误等 处理方法： 1. 处理 AU4 指针调整事件 (1)如果时钟处于失锁状态，应检查时钟是否发生倒换，如果没有发生倒换，可能是由于光板、时钟板故障或长期运行的损耗造成，应更换相应板件； (2)如果时钟发生了倒换，应检查时钟源配置是否有误，尤其注意数据配置、时钟源等级配置、抽时钟源配置以及时钟倒换规则设置是否正确； (3)如果时钟源配置无误，应检查倒换后的时钟源是否存在硬件故障，如果存在应更换相应硬件单板； (4)如果外时钟处于失锁状态，也可按照步骤 1～3 寻找故障点并解决； (5)如果是时钟锁定质量不高造成的指针调整事件，可能是光板、时钟板故障或长期运行的损耗造成，应更换相应板件 2. 处理 TU3 指针调整事件 (1)如果 TU3 指针调整事件与 AU4 指针调整事件同时存在，应首先解决 AU4 指针调整的问题； (2)如果由于 34M 电支路板(ET3)或 45M 电支路板(TT3)故障导致，应更换相应板件 3. 处理 TU12 指针调整事件 (1)如果 TU12 指针调整事件与 AU4 指针调整事件同时存在，应首先解决 AU4 指针调整的问题； (2)如果由于 2M 电支路板(ET1)故障导致，应更换相应板件	

续上表

序号	故障现象	处理建议	备注
17	通信类故障:通道中断或存在误码的故障,还未判断是交换侧或传输侧的问题;在交换侧和传输侧均存在业务中断、误码超值、时钟同步等故障	故障原因:传输设备侧或交换机侧的故障导致通信业务的中断或者大量误码产生 处理方法: 1. 发生故障后,启动备用通道保证现有通信业务的正常进行; 2. 在交换设备和传输设备连接的DDF架上通过硬件环回的方式准确定界和定性故障:确定究竟是传输侧故障还是交换侧故障; 3. 如果定位在传输侧,进行传输故障的分类; 4. 判断种类后,按照相应的故障处理流程排除故障	
18	业务中断故障	故障原因 : 1. 外部原因:供电电源故障;光纤、电缆故障。 2. 操作不当:由于误操作,设置了光路或支路通道的环回;由于误操作,更改、删除了配置数据。 3. 设备原因:单板失效或性能劣化 处理方法: 1. 通过测试法,逐级挂表环回来定位故障网元,环回操作要遵循由低到高的原则(低阶通道,高阶通道,复用段),对业务的影响小; 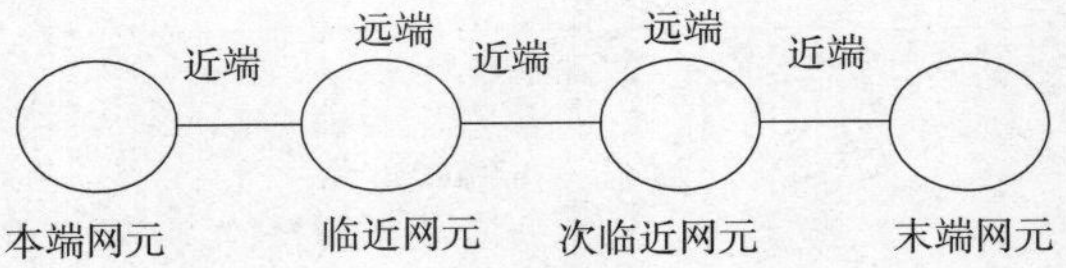 近端 远端 近端 远端 近端 本端网元 临近网元 次临近网元 末端网元 2. 通过测试法定位出故障网元后,可通过观察设备指示灯的运行情况,分析设备故障。同时分析网管的告警和性能,根据故障反映出来,得到告警和性能定位故障单板并加以更换。这一过程可结合使用拔插法和替换法。 (1)业务不通,同时网管上报光信号丢失告警 ①检查光纤情况,检查光纤的槽位是否接错。 ②检查光线路板的收光功率,测试是否收发光不正常,调整光接口,观察告警是否消失。 ③检查上一点的光线路板收发光情况,测试是否收发光不正常,调整光接口,观察告警是否消失。 ④如经过以上检查后,告警仍未消失,按照业务中断故障处理流程将光线路板自环检测定位故障点并解决故障。 (2)业务不通,同时无任何告警 ①检查业务不通的站点之间是否被做环回,如果光线路板之间存在环回,取消环回并正确连接即可。 ②如果没有环回存在,按照业务中断故障处理流程将光线路板自环检测定位故障点。 ③确定故障光线路板,判断该板收发故障。因为当某块光线路板收不到光信号,同时自己也检测不到故障时,该光线路板可能不会告警,对端光线路板也无远端接收故障告警。 (3)光板发光功率正常,但业务中断 ①检查与此两点间的光缆。 ②检查对端光板的光缆是否插好,灵敏度是否正常。 ③检查时隙配置,并确认下发到NCP的配置与网管配置一致	1. 触碰板卡时需要佩戴防静电手环; 2. 网管监控存在一定的延时,故障恢复后网管终端告警仍存在,此时以现场故障告警消除为准,但须持续与网管确认设备状态直至告警消除; 3. 对设备进行操作之前须进行安全技术交底,并掌握相关设备的基本操作流程和方法; 4. 严格按照各类规章及规程进行作业,发现违章行为须严厉制止

续上表

<table>
<tr><th>序号</th><th>故障现象</th><th>处理建议</th><th>备注</th></tr>
<tr><td>19</td><td>2M 业务不通</td><td>处理方法：
1. 查看业务不通的 2M 业务的数量，如果数量很多，应首先考虑为光路问题。
2. 如果单个或几个 2M 业务不通时，检查时隙配置是否正确，并在网管中执行下载命令将正确的时隙配置数据重新下到支路板上。如果支路仍然没有信号，复位支路板，若没有其他硬件问题的话，告警会消失。
3. 如果业务仍然不通，按照故障处理流程对 2M 支路进行终端侧自环并挂误码仪检测。如果误码仪 2M 电信号丢失告警不消失，则判定原因可能是 2M 接口板的接口不好、2M 线断或配线架同轴头未焊好，可更换接口解决；如果误码仪告警消失，则问题出在 2M 接口板或交叉板或背板上，可更换 2M 接口板或交叉板解决问题。
4. 如果故障点为与其他厂家对接的 2M 接口板，可能是由于接地存在压差，解决办法是消除压差</td><td rowspan="2">1. 触碰板卡时需要佩戴防静电手环；
2. 网管监控存在一定的延时，故障恢复后网管终端告警仍存在，此时以现场故障告警消除为准，但须持续与网管确认设备状态直至告警消除；
3. 对设备进行操作之前须进行安全技术交底，并掌握相关设备的基本操作流程和方法；
4. 严格按照各类规章及规程进行作业，发现违章行为须严厉制止</td></tr>
<tr><td>20</td><td>误码类故障：
误码的处理要根据严重程度选择处理时间，如较为严重，则需立即处理，如不严重，则可保持现状，等到业务量少时再处理</td><td>故障原因：
1. 外部原因：光纤接头不清洁或连接不正确；光纤性能劣化、损耗过高；设备接地不好；设备附近有强烈干扰源；设备散热不好，工作温度过高。
2. 设备原因：交叉板与线路板、支路板配合不好；时钟同步性能不好；单板失效或性能不好等
定位故障点：
1. 查询故障网元的性能，如果网管上有 B1/B2 的性能，说明光路不好。
2. 检查故障网元的性能，如果网管上没有 B1/B2，只有 B3 的性能，说明高阶通道不好，问题可能在交叉板或支路板上，可以通过网管的交叉板控制操作来倒换交叉板定位故障单板。另外 B1、B2、B3 也与时钟板有关。
3. 检查故障网元的性能，如果网管上只有 V5 的性能，表示低阶通道不好，说明支路板故障。可以通过改配时隙到临近网元下支路的办法或 AU 环回的办法来定位是本端还是对端支路板故障
处理方法：
1. 采用测试法，环回挂表，对误码的发源地进行定位。
2. 如果是线路板误码，分析线路板误码性能事件，排除线路误码。
3. 首先排除外部的故障原因，如接地不好、工作温度过高、线路板接收光功率过低或过高等问题。然后观察线路板误码情况，若某站所有线路板都有误码，推断为该站时钟板问题，更换时钟板；若只有某块线路板报误码，则可能是线路板问题，也可能是对端光板或两端光纤的问题。
4. 如果是支路板误码，分析支路板误码性能事件，排除支路误码；若只有支路误码，则可能是支路板或交叉板的问题，应更换支路板或交叉板</td></tr>
</table>

续上表

序号	故障现象	处理建议	备注
21	时钟同步类故障	故障原因： 1. 外部原因：光纤接反；外时钟质量问题。 2. 操作不当：时钟源配置错误，出现同一组网中两个时钟源的情况；时钟源级别设置错误；时钟对抽。 3. 设备问题：线路板故障，提供时钟质量不好；时钟板故障，提供的时钟源质量不好；交叉板故障，给各单板分配的工作时钟质量不好 处理方法： 1. 检查网管的时钟配置，避免时钟对抽的人为故障现象，并将正确的时钟配置下发至 NCP 板，保持网管数据与 NCP 数据的一致。 2. 通过网管检查光路和支路是否有 AU PJE/TU PJE 的性能值。如果只有 TU PJE，说明该支路板故障，更换即可。 3. 如果 AU PJE/TU PJE 同时存在，先处理 AU PJE，处理后如果还有 TU PJE，继续处理 TU PJE。 4. 网管上报指针调整超值告警：由于在时钟失锁及时钟锁定的状态下，都会产生指针调整。因此，如果发现指针调整，应首先检查时钟锁定状态是否正常，如果不正常，首先应解决时钟失锁问题。 5. 网管提示时钟源故障： (1)外接设备造成，连接该站点的对方时钟板没插。 (2)光线路板故障造成。首先检查时钟源配置，下载时钟配置，复位时钟板。 (3)本端时钟源丢失造成，检查时钟源	1. 触碰板卡时需要佩戴防静电手环； 2. 网管监控存在一定的延时，故障恢复后网管终端告警仍存在，此时以现场故障告警消除为准，但须持续与网管确认设备状态直至告警消除； 3. 对设备进行操作之前须进行安全技术交底，并掌握相关设备的基本操作流程和方法； 4. 严格按照各类规章及规程进行作业，发现违章行为须严厉制止
22	网管连接故障	故障原因： 1. 外部原因：供电电源故障，如设备掉电、供电电压过低等；光纤故障，如光纤性能劣化、损耗过高等。 2. 操作不当：私有协议网管 ECC/DCC 配置有误。 3. 设备故障：网卡故障、光板故障、时钟板故障、网元有大量的性能数据上报到网管，造成 ECC 通道阻塞 处理方法： 1. 排除外部原因，如掉电、光纤性能劣化等。 2. 检查网管 ECC/DCC 配置是否有误。 3. 采用测试法，逐段自环定位故障网元。 4. 采用告警分析法对光板、时钟板进行检查	
23	网管无法通过 Q 口与 NCP 连接，ping 不通 NCP 但可 ping 通自己	处理方法： 1. 通过 NCP 面板上的 F 口与 NCP 连通，上载网元说明库，检查其网元和服务器 IP 地址与网管数据配置是否一致。 2. 检查网线和 AUI 适配器是否正常。 3. 检查网卡是否正常工作。ping 通自己说明网卡口地址设置正确，ping 不通 NCP 一般是网卡中断号不正确。检查网卡上的跳线，使其工作在 JUMPER 方式而不是 PNP 方式	
24	网元取 NCP 时间十分缓慢	处理方法： 1. 首先复位 NCP，重新下载本点和相邻网元的“网元描述数据”，观察是否正常。 2. 此外，当网元连接与实际光纤连接有误时也会导致该现象，需要仔细检查光纤连接是否有问题	

续上表

序号	故障现象	处理建议	备注
25	公务故障	故障原因： 1. 外部原因：掉电、光纤折断等。 2. 操作不当：OW 配置数据错误。 3. 设备原因：光板、OW 板故障 处理方法： 1. 检查光路是否有告警。因为光路不通，公务也不能通。 2. 检查 OW 板，观察指示灯及网管告警，可采用拔插法、替换法确定开销板是否产生故障。 3. 检查 OW 板的配置	1. 触碰板卡时需要佩戴防静电手环； 2. 网管监控存在一定的延时，故障恢复后网管终端告警仍存在，此时以现场故障告警消除为准，但须持续与网管确认设备状态直至告警消除； 3. 对设备进行操作之前须进行安全技术交底，并掌握相关设备的基本操作流程和方法； 4. 严格按照各类规章及规程进行作业，发现违章行为须严厉制止
26	光缆故障： 1. 光缆全断 2. 部分束管中断 3. 单束管中的部分光纤中断	故障原因： 1. 熔纤盘内光纤松动，导致光纤弹起在熔纤盘边缘或盘上螺丝处被挤压，严重时压伤、压断光纤； 2. 自然灾害原因造成的线路故障； 3. 光纤自身原因造成的线路故障； 4. 人为因素引起的线路故障； 5. 原接头盒内发生问题，导致一根或几根光纤原接续点损耗增大，断纤； 6. 光缆受机械力扭伤，部分光纤受力但未断开，导致一根或几根光纤衰减曲线出现台阶； 7. 在原接续点附近出现断纤故障，导致原接续点衰减台阶水平拉长； 8. 光缆受外力影响被挖断、炸断或塌方拉断，导致光纤全部阻断 处理方法： 结合网管告警信息进行下列检查 1. 检查传输设备接口及 ODF 接口。 2. 检查光模块。 3. 检查传输设备板卡。 4. 排除以上故障后用 OTDR 测试判定线路故障点，确认故障点后按下列方式进行处理： (1)同路由有光缆可代通的全阻故障。抢修人员应按照应急预案用其他良好的纤芯代通阻断光纤上的业务，然后再尽快修复故障光纤。 (2)没有光纤可以代通的全阻故障。按照应急预案实施抢代通或障碍点的直接修复，应遵循“先重要电路、后次要电路”的原则。 (3)光缆出现非全阻，有剩余光纤可用。用空余纤芯或同路由其他光缆代通故障纤芯上的业务。如果纤芯较多，空余芯不够，又没有其他同路由光缆，可牺牲次要电路代通重要电路，然后采用不同中断电路的方法对故障纤芯进行修复。 (4)光缆出现全阻断，无剩余光纤或同路由光缆。如果阻断的光纤开设的是重要电路，应用其他非重要电路光纤代通阻断光纤，用不中断割接的方法对故障纤芯进行紧急修复。 (5)传输质量不稳定，系统时好时坏。如果有可代通的空余纤芯或其他同路由光缆，可将该光纤上的业务调到其他光纤。查明传输质量下降的原因，有针对地进行处理	

4.3 时钟系统故障处理

时钟系统故障现象及处理建议见表4.2。

表4.2 时钟系统故障现象及处理建议

序号	故障现象	处理建议	备注
1	监控系统声光报警	依据监控终端提示,对相关部件检查更换	1. 对带电部分进行操作时,必须使用绝缘性能良好的工器具,使用过程中禁止触摸绝缘工器具金属部分; 2. 触碰板卡时需要佩戴防静电手环; 3. 网管监控存在一定的延时,故障恢复后网管终端告警仍存在,此时以现场故障告警消除为准,但须持续与网管确认设备状态直至告警消除; 4. 对设备进行操作之前须进行安全技术交底,并掌握相关设备的基本操作流程和方法; 5. 严格按照各类规章及规程进行作业,发现违章行为须严厉制止; 6. 维修会影响车站正常设备使用时,根据影响范围选择设备使用率较低的时间段
2	母钟不工作,无任何显示	1. 恢复交流供电,排查电源线故障; 2. 更换开关电源	
3	母钟走时不准	1. 检查一级母钟是否有信号传送来; 2. 更换主板	
4	主备母钟切换	依据监控终端提示,对主母钟进行板件级更换	
5	子钟不走时	1. 恢复交流供电,排查电源线故障; 2. 更换开关电源	
6	子钟走时不准	1. 检查RS-422接口及传输线是否可靠连接; 2. 更换控制板; 3. 更换子钟机芯	
7	数字式子钟不显示	1. 恢复交流供电,排查电源线故障; 2. 更换开关电源	
8	数字式子钟走时均不准	1. 检查RS-422接口及传输线是否可靠连接; 2. 更换控制板	
9	数码显示块缺划或多划	1. 更换控制板; 2. 换显示数码管或排线	
10	数码显示块亮度不匀或有灯管不显示	换显示数码管或排线	

4.4　通信电源系统故障处理

通信电源系统故障现象及处理建议见表 4.3。

表 4.3　通信电源系统故障现象及处理建议

<table>
<tr><th>序号</th><th>故障现象</th><th>处理建议</th><th>备注</th></tr>
<tr><td>1</td><td>市电有电时，UPS 出现市电断电告警</td><td>1. 检查输入空开；
2. 检查输入线路；
3. 不必处理或启动发电机供电；
4. 更换损坏的空开、开关或保险丝；
5. 检查 UPS 市电检测回路</td><td rowspan="13">1. 对带电部分进行操作时，必须使用绝缘性能良好的工器具，使用过程中禁止触摸绝缘工器具金属部分；
2. 并机 UPS 进行操作时须保证双人同步操作；
3. 网管监控存在一定的延时，故障恢复后网管终端告警仍存在，此时以现场故障告警消除为准，但须持续与网管确认设备状态直至告警消除；
4. 对设备进行操作之前须进行安全技术交底，并掌握相关设备的基本操作流程和方法；
5. 严格按照各类规章及规程进行作业，发现违章行为须严厉制止</td></tr>
<tr><td>2</td><td>UPS 无法启动</td><td>1. 将电池充足电；
2. 检查输入交流、直流线是否接触良好；
3. 检查 UPS 开机电路；
4. 检查 UPS 电源电路；
5. 检查 UPS 内部整流、升压、逆变等部分的器件是否损坏</td></tr>
<tr><td>3</td><td>UPS 开机时，输入空开跳闸</td><td>1. 更换输入空开；
2. 检查 UPS 内部整流、升压、逆变等部分的器件是否损坏；
3. 检查 UPS 内部整流、升压、逆变等部分的器件是否损坏；
4. 更换为无漏电保护的空开</td></tr>
<tr><td>4</td><td>UPS 在正常使用时突然出现蜂鸣器长鸣告警</td><td>1. 检查 UPS 的输出是否短路；
2. 检查 UPS 逆变器；
3. 检查 UPS 内部控制电路</td></tr>
<tr><td>5</td><td>电池低电压预报警</td><td>检查 UPS 主机主路逆变是否正常，如果正常，则检查电池是否正常充电，充电各参数是否正常</td></tr>
<tr><td>6</td><td>电池温度超限</td><td>检查电池接连线路是否存在短路，机房温度是否过高导致</td></tr>
<tr><td>7</td><td>逆变器故障</td><td>检查风机是否有故障，风道是否阻塞；检查逆变器内部是否有烧坏、过热的器件，若重新启动失败则联系服务工程师</td></tr>
<tr><td>8</td><td>逆变器过载</td><td>逆变器是否过压，超过输出电压。减少负荷，重新启动</td></tr>
<tr><td>9</td><td>整流器故障</td><td>检查整流器内部是否有烧坏、过热的器件，若重新启动失败则更换整流模块</td></tr>
<tr><td>10</td><td>防雷单元故障</td><td>检查防雷器情况，如防雷器损坏，进行更换</td></tr>
<tr><td>11</td><td>UPS 逆变通信故障</td><td>故障原因：监控系统与逆变单元之间的通信异常
处理方法：通知厂家进行检修</td></tr>
<tr><td>12</td><td>UPS 整流通信故障</td><td>故障原因：监控系统与整流单元自建的通信异常
处理方法：通知厂家进行检修</td></tr>
<tr><td>13</td><td>UPS 环境温度过高</td><td>故障原因：USP 机房温度过高
处理方法：调节通信电源室机房空调温度</td></tr>
</table>

续上表

序号	故障现象	处理建议	备注
14	UPS输入熔断器坏	故障原因：主路输入熔断器断 处理方法：检查线路是否存在短路，带载是否正常，排查处理完后更换熔断器	1. 对带电部分进行操作时，必须使用绝缘性能良好的工器具，使用过程中禁止触摸绝缘工器具金属部分； 2. 并机UPS进行操作时须保证双人同步操作； 3. 网管监控存在一定的延时，故障恢复后网管终端告警仍存在，此时以现场故障告警消除为准，但须持续与网管确认设备状态直至告警消除； 4. 对设备进行操作之前须进行安全技术交底，并掌握相关设备的基本操作流程和方法； 5. 严格按照各类规章及规程进行作业，发现违章行为须严厉制止
15	UPS旁路超出跟踪	故障原因：旁路电压幅度或频率超出跟踪范围，逆变器输出将不跟踪旁路 处理方法：检查旁路电压幅度及频率	
16	UPS旁路超出保护	故障原因：旁路电压幅度或频率超出保护范围，旁路不再供电 处理方法：检查旁路电压幅度及频率	
17	UPS旁路晶闸管坏	故障原因：旁路晶闸管短路 处理方法：更换晶闸管	
18	UPS旁路异常关机	故障原因：逆变过载，且旁路异常时，逆变器关闭，导致均不供电 处理方法：检查负载，确认正常后对UPS进行故障复位，并重新开机	
19	UPS电池放电终止预报警	故障原因：电池放电至预告警点（电池储备能量已不足），几分钟后系统将关闭 处理方法：及时启动市电供电，或关掉非主要设备，保留高开、无线、传输、专用电话设备的供电	
20	UPS电池温度过高	故障原因：电池温度过高 处理方法：检查电池温度及通风情况，必要时更换电池	
21	UPS整流器故障	故障原因：整流器异常，严重故障 处理方法：通知厂家进行检修	
22	UPS整流风扇故障	故障原因：整流侧风扇异常 处理方法：能自动恢复，需检查UPS的环境温度及通风条件，必要时进行更换	
23	UPS整流模块过流	故障原因：整流模块IGBT通过电流过大，导致整流器关闭 处理方法：通知厂家进行检修	
24	UPS逆变不同步	故障原因：逆变尚未跟踪上旁路 处理方法：检查旁路是否正常，旁路正常后告警信息会自动消失	
25	UPS逆变器故障	故障原因：逆变器输出故障，逆变器关闭并死锁 处理方法：通知厂家进行检修	
26	UPS逆变散热器过温	故障原因：逆变散热器温度过高 处理方法：能自动恢复，需检查UPS的环境温度及通风条件	
27	UPS逆变风扇故障	故障原因：逆变侧风扇异常 处理方法：及时更换坏风扇	

续上表

序号	故 障 现 象	处 理 建 议	备 注
28	UPS逆变晶闸管坏	故障原因：逆变输出晶闸管坏，输出被禁止，UPS供电中止 处理方法：通知厂家进行更换	1. 对带电部分进行操作时，必须使用绝缘性能良好的工器具，使用过程中禁止触摸绝缘工器具金属部分； 2. 并机UPS进行操作时须保证双人同步操作； 3. 网管监控存在一定的延时，故障恢复后网管终端告警仍存在，此时以现场故障告警消除为准，但须持续与网管确认设备状态直至告警消除； 4. 对设备进行操作之前须进行安全技术交底，并掌握相关设备的基本操作流程和方法； 5. 严格按照各类规章及规程进行作业，发现违章行为须严厉制止
29	UPS逆变模块过流	故障原因：逆变模块IGBT瞬时电流过大，导致逆变器关闭 处理方法：尝试清除故障，并重新开启逆变器后通知维修厂家维修	
30	UPS母线电压低关机	故障原因：直流母线电压过低，导致逆变器关机 处理方法：检查整流侧是否有故障发生，如没有再检查负载是否过大，查明原因并消除后，重新开机	
31	UPS输出变压器过温	故障原因：输出变压器温度过高 处理方法：能自动恢复，需检查UPS的环境温度及通风条件	
32	UPS本机输出过载	故障原因：本机输出负载过大 处理方法：建议卸除不必要的负载，保证重要设备供电的安全性	
33	USP本机过载超时	故障原因：本机逆变供电，且过载时间限制已到，并转旁路工作 处理方法：逆变过载超时转旁路工作，5 min后若负载变小，会重新转回逆变供电	
34	UPS输出熔断器坏	故障原因：输出快速熔断器烧坏，输出停止供电 处理方法：排查原因并处理后更换熔断器	
35	UPS交流输出过压	故障原因：输出电压过高，输出被封锁 处理方法：通知厂家进行检修	
36	UPS输出冲击过流	故障原因：在旁路输出状态下受大电流冲击，导致系统输出封锁 处理方法：下电后重新上电，尽量避免突加大负载或短路，仍有该故障，通知厂家进行检修	
37	UPS负载冲击转旁路	故障原因：在逆变供电状态下，突加冲击性负载，系统将转旁路供电，躲过冲击后，重新转回逆变供电 处理方法：建议避免对UPS造成过大冲击，UPS受冲击后能自动恢复	
38	UPS并机系统过载	故障原因：并机系统负载过大，系统失去冗余特性 处理方法：建议卸除不必要的负载，保证重要设备供电的安全性	
39	UPS邻机请求转旁路	故障原因：并机系统中，邻机因为过载或受冲击而请求系统转旁路，其他机器在收到本信号后，统一切换到旁路供电 处理方法：并机系统转旁路后，如果工作条件允许，能自动统一恢复到逆变侧工作	
40	UPS并机均流故障	故障原因：并机系统中各台UPS的负载电流严重不平衡，会影响系统的带载能力 处理方法：通知厂家进行检修	

续上表

序号	故障现象	处理建议	备注
41	UPS并机板故障	故障原因:本机的并机板损坏 处理方法:通知厂家进行检修	1. 对带电部分进行操作时,必须使用绝缘性能良好的工器具,使用过程中禁止触摸绝缘工器具金属部分; 2. 并机UPS进行操作时须保证双人同步操作; 3. 网管监控存在一定的延时,故障恢复后网管终端告警仍存在,此时以现场故障告警消除为准,但须持续与网管确认设备状态直至告警消除; 4. 对设备进行操作之前须进行安全技术交底,并掌握相关设备的基本操作流程和方法; 5. 严格按照各类规章及规程进行作业,发现违章行为须严厉制止
42	UPS市电开关置于"ON",面板无显示,系统不自检	故障原因: 1. 输入电压未接入; 2. 输入电压过低 处理方法:用电压表检查UPS输入电压是否符合规格要求	
43	UPS未报故障,但输出无电压	故障原因:输出连接电源线连接不良或输出开关未合 处理方法:确保输出连接电源线连接妥当	
44	UPS机内发出异常声响或气味	故障原因:UPS内部故障 处理方法:将UPS转至旁路后进行检查,并联系经销商处理	
45	UPS电压均衡性偏离正常范围	强制均充后观察	
46	UPS浮充电流异常	检查电池单体电压是否异常、电池是否发热	
47	UPS核对性放电判断容量不足	均充后再检查10小时率或3小时率容量	
48	UPS安全阀有少量液体渗出(非电池内部往外漏液)	擦拭后再观察,排除残余电解液吸水可能	
49	1. 电池鼓胀; 2. 极柱漏液; 3. 电池内部短路或开路; 4. 电池容量小于额定容量的80%; 5. 壳体材料老化、端子腐蚀穿透	更换电池	
50	高频开关电源交流停电	停电时间不长时,直流供电由电池负担。如果停电原因不明或时间过长,就需要启动油机发电。建议油机发电机启动至少5 min后,再切换给电源系统供电,以减小油机启动过渡过程可能对电源设备造成的影响	
51	高频开关电源交流过压	设定值是否过低,如果过低应更改。 一般的过电压不影响系统工作,当市电电压大于295 V时,整流模块将停止工作。因此对于长期过压的供电网络,需与相关电力网络维护人员协商,改善电网	
52	高频开关电源交流欠压	设定值是否过高,如果过高应更改。 若市电电压低于176 V时,整流模块将限功率输出,低于80 V将停止工作。因此对于长期欠压的供电网络,需与相关电力网络维护人员协商,对电网作改善	

续上表

<table>
<tr><th>序号</th><th>故障现象</th><th>处理建议</th><th>备注</th></tr>
<tr><td>53</td><td>高频开关电源防雷器故障</td><td>检查防雷器情况，如防雷器损坏，须更换</td><td rowspan="9">1. 对带电部分进行操作时，必须使用绝缘性能良好的工器具，使用过程中禁止触摸绝缘工器具金属部分；
2. 并机 UPS 进行操作时须保证双人同步操作；
3. 网管监控存在一定的延时，故障恢复后网管终端告警仍存在，此时以现场故障告警消除为准，但须持续与网管确认设备状态直至告警消除；
4. 对设备进行操作之前须进行安全技术交底，并掌握相关设备的基本操作流程和方法；
5. 严格按照各类规章及规程进行作业，发现违章行为须严厉制止</td></tr>
<tr><td>54</td><td>高频开关电源直流过压告警</td><td>1. 检查直流输出电压和监控模块“直流过压告警”设定值，若设定值不合理须更改。
2. 找出引起过压告警的整流模块。在确保蓄电池能正常供电的情况下，断开所有整流模块的交流输入开关，然后逐一接通模块的交流输入开关。当接通某一模块的交流输入开关时，系统再次出现过压告警，则该模块过压，须更换</td></tr>
<tr><td>55</td><td>高频开关电源直流欠压告警</td><td>1. 检查直流输出电压和监控模块“直流欠压告警”设定值，若设定值不合理须更改。
2. 检查市电是否停电，如停电，断开部分负载以延长整个电源系统的工作时间。
3. 检查是否有整流模块退出工作即无输出电流，如有须更换该模块。
4. 检查负载总电流。如果浮充时负载总电流超过整流模块总输出电流，则需切除部分负载，或增加整流模块，使整流模块的总电流超过负载总电流 120%，且至少有 1 个整流模块冗余备份</td></tr>
<tr><td>56</td><td>高频开关电源负载支路断、电池支路断</td><td>检查该支路空开或熔断器是否断开（检查空开手柄位置，或测量熔丝两端电压，电压接近 0 V 则熔丝正常）。如果断开，查找原因并排除故障。否则说明告警回路故障，须联系厂家</td></tr>
<tr><td>57</td><td>高频开关电源电池保护</td><td>1. 检查市电是否停电，电池电压下降到“电池保护电压”设定值以下或放电时间达到“电池保护时间”设定值。
2. 手动控制电池保护</td></tr>
<tr><td>58</td><td>高频开关电源模块故障</td><td>此时，整流模块面板上的红色发光二极管点亮。切断该整流模块交流输入，一段时间后再重新启动该模块。倘若仍然告警，须更换该模块</td></tr>
<tr><td>59</td><td>高频开关电源模块保护</td><td>检查市电电压是否大于整流模块交流过压点（295 V）或小于整流模块交流欠压点（80 V）。因此对于长期过压或欠压的供电网络，需与相关电力网络维护人员协商，改善电网</td></tr>
<tr><td>60</td><td>高频开关电源模块风扇故障</td><td>检查整流模块的风扇是否运行。如果风扇不运行，检查风扇是否被堵住，如被堵住，须清理。如未被堵住或清理后仍无法消除风扇故障，则更换风扇</td></tr>
<tr><td>61</td><td>高频开关电源模块通信中断</td><td>检查该整流模块和监控模块之间通信连接是否正常。如果正常，则重新启动该模块，如果告警仍然存在，则更换该模块</td></tr>
</table>

4.5 有线电话系统故障处理

专用电话系统故障现象及处理建议见表 4.4。

表 4.4 专用电话系统故障现象及处理建议

序号	故 障 现 象	处 理 建 议	备 注
1	数字用户卡红灯告警及电路损坏	带静电手腕热拔插卡板看告警灯是否消失，电路损坏更换新端口电路（在软件中修改数据），否则更换新的用户卡	1. 专用电话 PB24、4GC、MEX-IP2 不支持热插拔，插拔或更换板卡时须关停设备； 2. 触碰板卡时需要佩戴防静电手环； 3. 网管监控存在一定的延时，故障恢复后网管终端告警仍存在，此时以现场故障告警消除为准，但须持续与网管确认设备状态直至告警消除； 4. 对设备进行操作之前须进行安全技术交底，并掌握相关设备的基本操作流程和方法； 5. 严格按照各类规章及规程进行作业，发现违章行为须严厉制止
2	数字中继端口闭锁	带静电手腕对此卡板进行一次热插拔，否则在软件 FEAT 命令中解除闭锁	
3	数字中继卡红灯告警	根据卡板具体告警指示灯来分析原因，及联系技术人员做出相应处理	
4	8DRCF 多功能资源卡红灯告警	带静电手腕对此卡板进行一次热插拔，考虑到两个系统中都有备用	
5	数字调度台损坏	拔插电话线和话机电源或更换新的数字调度台，调度台上的编程数据不用重做	
6	数字调度台录音接口损坏	更换新的数字调度台，检查给调度台的 TPS 电源是否有电	
7	外围电源卡告警	更换新的 PPS 电源卡，确认卡上的保险是否损坏	
8	主控制系统告警	确认是主侧还是从侧 MCP 主控卡告警，及时通知厂家技术人员处理	
9	系统全部外围卡板告警	确认主控卡是否出问题（主要是由于主控卡出问题导致），关闭重启整个系统电源并及时通知厂家技术人员	
10	系统软件故障	及时通知厂家技术人员，并在技术人员的建议下处理	
11	全部调度台（数字话机）出现故障	确认系统中的数字用户卡是否全部告警，对卡板进行热插拔，并及时通知厂家技术人员	
12	单个话机无法正常通话	1. 在网管终端查看是否有告警，如有告警，进行相应处理。 2. 如网管无告警，则需去现场处理： (1)查看是否水晶头松动； (2)换个话机进行测试； (3)从配线架查起，检查线缆是否存在松动或中断	
13	话机能呼出不能呼入	分机设置了免打扰功能，通过拨号盘拨＃145＃10 取消该功能	
14	话机不振铃能呼出	设置了呼叫全转功能，通过拨号盘拨＃141＃10 取消该功能	

续上表

序号	故障现象	处理建议	备注
15	某站调度台手柄和免提都可以打出，但对方打进时有振铃，提起手柄后无法接通并继续振铃；按免提也无法接通，而是出现拨号音	值班操作台数据出现错乱，重启值班操作台	1. 专用电话 PB24、4GC、MEX-IP2 不支持热插拔，插拔或更换板卡时须关停设备； 2. 触碰板卡时需要佩戴防静电手环； 3. 网管监控存在一定的延时，故障恢复后网管终端告警仍存在，此时以现场故障告警消除为准，但须持续与网管确认设备状态直至告警消除； 4. 对设备进行操作之前须进行安全技术交底，并掌握相关设备的基本操作流程和方法； 5. 严格按照各类规章及规程进行作业，发现违章行为须严厉制止
16	话机音量太小	1. 通过话机音量调节按钮调节音量； 2. 话机故障，更换话机	
17	值班操作台留言灯闪烁	启动了留言功能，通过拨号盘拨＃175＃10 取消该功能	
18	调度分机摘机无法直呼调度台	将用户功能设置为分机立即热线	
19	值班台无法呼叫 OCC 调度台和邻站值班台，但本站局部电话可正常呼叫	1. 2DT 板故障，重启 2DT 板，如果未恢复则更换 2DT 板； 2. 2DT 板所使用的线路故障，检查 2DT 板线路	
20	专用系统录音台无法录音	1. 检查专用电话录音台服务器是否死机，如是则重启录音台服务器； 2. 检查录音端口线路	
21	站内 Coral IPX3000 机与集中网管通信中断	1. 主用 MEX-IP2 板 RJ45 口损坏，更换主用 MEX-IP2； 2. 集中网管线路故障，检查集中网管线路	
22	所有用户无法进行监听	1. 检查用户录音是否能正常进行，如有异常，按录音中断进行处理； 2. 检查网管软件是否工作正常，如有异常，重启服务器或更新软件	
23	某个用户无法进行监听	1. 检查用户录音是否能正常进行，如有异常，按录音中断进行处理； 2. 检查用户数据，如有异常，重设或更新用户数据	
24	RPI-2DT 远端告警\近端告警	根据接口分配表找到对应的远端，联系相应的工区对远端设备进行查看（远端对应的故障点即为近端），并按一下顺序进行排查： 1. 询问网管传输是否有伴随告警，并询问伴随告警的详细信息。对传输专用电话对应接口进行打环判断是否为板卡自身损坏，若打环后故障消除，说明板卡正常，为线路故障。反之为板卡自身或板卡上的接口故障，紧固接口，若故障仍存在，可考虑更换相应板卡。 2. 检查 BNC 2M 头至 2M 转换模块是否松动，并进行紧固。 3. 检查 2M 头焊接点是否有脱落虚焊现象，若存在须重新焊接。 4. 传输系统的信号紊乱也可能造成专用电话系统故障	

公务电话系统故障现象及处理建议见表4.5。

表4.5　公务电话系统故障现象及处理建议

序号	故障现象	处理建议	备注
1	单个话机故障	1. 检查号码的端口状态、权限等情况。查看设备是否正常。 2. 考虑是不是电话机的问题，最常见的故障现象是：话机无拨号音、话机不振铃、话机拨号无反应、通话有杂音、挂机时会回振铃。更换话机后试验是否正常。 3. 如果更换话机后故障仍在，就查找线路是否有问题（检查顺序：MDF—设备侧—MDF外线侧—分线箱—面板—电话）。 线路上的故障也会引起电话机的不工作，常见故障现象是：话机无拨号音，通话有杂音	1. 对带电部分进行操作时，必须使用绝缘性能良好的工器具，使用过程中禁止触摸绝缘工器具金属部分。 2. 触碰板卡时需要佩戴防静电手环。 3. 网管监控存在一定的延时，故障恢复后网管终端告警仍存在，此时以现场故障告警消除为准，但须持续与网管确认设备状态直至告警消除。 4. 对设备进行操作之前须进行安全技术交底，并掌握相关设备的基本操作流程和方法。 5. 严格按照各类规章及规程进行作业，发现违章行为须严厉制止。 6. 进行一些操作前须注意数据的备份，防止数据丢失。 7. 对影响业务板卡进行处理时应选择设备使用率较低的时间段
2	无法使用呼叫等待业务	给用户配置了呼叫等待业务却无法使用，检查业务是否激活。如没有激活，可在终端侧使用*58#将业务激活	
3	无法使用呼叫前转业务	用户登记了呼叫前转等业务，使用时却为忙音，检查用户自身是否有拨打这些号码的权限。如无，须根据实际情况给用户开通这些权限，或者和用户说明其无权拨打这些号码	
4	无法进行主叫号码显示	1. 查看用户是否配置了主叫号码业务，如没有配置，增加配置。 2. 若是H.248协议的终端，需检查终端所用的包模板中是否包括FSK包，如没有，增加配置。 3. 终端上连接的话机是否具有主叫号码显示功能，是否安装了所需的电池等，如无主叫号码显示功能，更换话机，装好电池	
5	无法使用反极性功能	1. 确认终端是否具有反极性功能，如无，更换终端或者更换端口。 2. 查看用户属性中是否配置了具有反极性能力，如无，修改配置。 3. 查看用户终端所用的包模板中是否包括Xal包，如无，增加Xal包	
6	无法通过媒体服务器放音或不能放部分音	1. 查看媒体服务器所用的包模板中是否包括AU包，如无，增加AU包，且AU包要在CG包之前。 2. 系统的统一音配置中是否有相应的业务音，终端是否配置了相应的音资源分布，如无，修改配置。 3. TG中装载的音文件是否正确，如不正确，重新加载。 4. 可以通过信令跟踪查看用户需要放音时是否有相应的Au包消息发给TG，音编号是否正确，如不正确，修改软交换上统一音配置	

续上表

序号	故障现象	处理建议	备注
7	用户电话突然不能正常使用	1. 查看终端状态是否正常，用户摘机是否有馈电。如无馈电，更换其余的用户线或话机看是否正常，如还无馈电，则更换终端设备。 2. 如果用户是无法拨通某些电话。可能有以下一些原因： (1)用户没有权限拨打这些电话；用户可能有呼出限制业务；用户为闭合群用户；用户是否在黑名单中。如是以上原因，通过更改数据配置可解决。 (2)用户作为被叫无法接通，可能用户没有呼入权限；用户在黑名单中；用户久不挂机，造成用户锁定。如是以上原因，通过更改数据配置和解锁用户可解决。 (3)如果为出局电话无法接通，可以跟踪用户发给对端局的七号信令，看发给对端局的被叫号码是否正确，是否有不正确的号码变换，如是以上原因，通过更改数据配置可解决。也有可能临接交换局有故障，导致无法接通。这就需要临接交换局排除故障。 3. 如果为域内电话无法接通，可以跟踪主叫和被叫的信令消息，以及主叫的业务观察，从中找出失败原因。再根据失败原因值找到具体的原因	1. 对带电部分进行操作时，必须使用绝缘性能良好的工器具，使用过程中禁止触摸绝缘工器具金属部分。 2. 触碰板卡时需要佩戴防静电手环。 3. 网管监控存在一定的延时，故障恢复后网管终端告警仍存在，此时以现场故障告警消除为准，但须持续与网管确认设备状态直至告警消除。 4. 对设备进行操作之前须进行安全技术交底，并掌握相关设备的基本操作流程和方法。 5. 严格按照各类规章及规程进行作业，发现违章行为须严厉制止。 6. 进行一些操作前须注意数据的备份，防止数据丢失。 7. 对影响业务板卡进行处理时应选择设备使用率较低的时间段
8	数据配置中的一些注意事项	1. 配置了新的号码分析选择之后，要注意配置Digmap，同时Digmap的类型要与终端的协议类型相同。 2. 在创建黑白名单、跟踪七号信令等命令中填写主叫号码时，需要有区域号，如北京用户为“10××××××××”；填写被叫号码时为拨打电话时所拨的号码	
9	配置一个号码分析后，无法拨通相应的电话	1. 查看号码分析的业务类型是否正确。应按照实际的业务类型配置，如市话呼叫配置成市话等。 2. 查看选用的路由链路组是否正确，是否对路由进行了号码流变换。可根据实际情况修改正确	
10	使用营帐开户业务时，返回“没有可用节点”	1. 检查软交换的节点容量是否已满，是否配置了空节点。可通过扩大节点的容量和删除空节点来处理。 2. 系统配置的节点数据中是否有已经配置了IP地址，但Mac地址却为空的数据。可根据实际情况修改	

续上表

序号	故障现象	处理建议	备注
11	使用营帐开户业务时，报“MAC 地址错误”	1. 查看用户所输的 MAC 地址是否为 12 位。按照正确的填写。 2. MAC 地址是否使用“:”号隔开。按照正确的填写。 3. 所输的 MAC 地址是否与系统中已有的相同，但 IP 地址却不一致。根据实际情况修改	1. 对带电部分进行操作时，必须使用绝缘性能良好的工器具，使用过程中禁止触摸绝缘工器具金属部分。 2. 触碰板卡时需要佩戴防静电手环。 3. 网管监控存在一定的延时，故障恢复后网管终端告警仍存在，此时以现场故障告警消除为准，但须持续与网管确认设备状态直至告警消除。 4. 对设备进行操作之前须进行安全技术交底，并掌握相关设备的基本操作流程和方法。 5. 严格按照各类规章及规程进行作业，发现违章行为须严厉制止。 6. 进行一些操作前须注意数据的备份，防止数据丢失。 7. 对影响业务板卡进行处理时应选择设备使用率较低的时间段
12	中继网关与 PSTN 侧开了 8 条中继，话路占不上后 4 条中继	1. 检查后四条中继的电路 CIC 编码是否和 PSTN 侧是否一致。如不一致，修改配置。 2. 用探针查看前台内存里 r_trunk 表的内容，看表里有没有后 4 条中继的记录。如没有记录，需要同步数据。 3. 检查处理该中继网关的处理板容量配置，看里面中继容量的配置是否大于系统实际的容量配置，如果小于，应增加中继容量配置	
13	IAD 终端用户不能呼通 SIP 终端	1. 在调试 CISCO 公司的 SIP 终端时，发现 SIP 终端能呼通域内的 IAD 终端用户，而 IAD 终端用户不能呼通 SIP 终端。 2. 打开信令跟踪工具，对被叫 SIP 终端节点进行跟踪，发现 SIP 消息并没有发出去。检查数据，发现用户的权限模板没有选上 IP 出 SS 呼叫，经修改后呼叫正常	
14	两个 SS 域之间的呼叫不通，但域内呼叫正常	1. 在其中一个 SS 域的外网以太网交换机上 ping 另外一个域的 SS 对外地址，如果 ping 不通，检查网络是否正常。 2. 两个 SS 域之间走 SIP 协议，进行 SIP 协议跟踪，查看呼损原因并做相应处理	
15	PSTN 侧用户呼叫 SS 域内 IAD 用户，呼叫失败时听不到语音通知	1. 检查音资源是否正常，可通过 IAD 用户之间呼叫失败时能否听到语音通知音来验证。如不正确，检查 IAD 的音资源数据配置，如错误，修改配置。 2. 检查软交换数据，看中继标志里有没有选上呼叫失败时送语音通知。如无则选上	
16	拨打被叫黑名单的用户时，15 s 后才听忙音	1. 用户 B 加入被叫黑名单，用户 A 拨打用户 B，拨完号后无音，15 s 后听忙音。 2. 对呼叫进行信令跟踪，应能看出用户 A 拨完号后，SS 向 M100 发了命令要求 M100 放 52 号音，但 M100 回了错误，错误代码为 712，即 M100 没有这条音。在 M100 的音表维护—协议业务音编辑—自定义语音中增加 52 号音后放音正常	

4.6　无线系统故障处理

无线系统故障现象及处理建议见表4.6。

表4.6　无线系统故障现象及处理建议

序号	故障现象	处理建议	备注
1	调度台白屏	故障原因： 1. 调度台软件卡死； 2. 电脑系统卡死 处理方法： 1. 点击调度台界面“关闭”图标，关闭调度台软件，或采用Ctrl+Alt+Delete组合键，通过任务管理器结束调度台软件进程，退出到Windows系统的操作界面，重新登录调度台软件，拷贝故障时刻软件日志给厂家分析具体故障原因； 2. 长按电脑“开机”键，待电脑关机后，重新启动，登录调度台软件，拷贝故障时刻电脑操作系统日志给厂家分析具体故障原因	1. GPS天线由于安装在室外且无防护，设备材料可能存在一定的变性，在检查和处理时需要小心拆装，避免设备损坏。 2. 进入轨行区进行维修时须依照轨行区作业流程进行作业，做好安全防护及交底工作。 3. 登高作业时须做好相关的安全防护工作。 4. 触碰板卡时需要佩戴防静电手环。 5. 网管监控存在一定的延时，故障恢复后网管终端告警仍存在，此时以现场故障告警消除为准，但须持续与网管确认设备状态直至告警消除。 6. 对设备进行操作之前须进行安全技术交底，并掌握相关设备的基本操作流程和方法。 7. 严格按照各类规章及规程进行作业，发现违章行为须严厉制止
2	调度台服务器接口断开	故障原因： 1. 链路故障； 2. IP地址错误 处理方法： 1. 检查网络链接，是否已插好网线，网络是否畅通，如果网线已插好，可用ping命令检查网络是否畅通； 2. 检查调度台本地IP地址是否与IP规划一致，修改为正确IP地址	
3	调度台数据库访问出错	故障原因： 1. 链路故障； 2. 调度服务器SQL Server数据库服务未启动 处理办法： 1. 检查网络链接，是否已插好网线，网络是否畅通，如果网线已插好，可用ping命令检查网络是否畅通； 2. 使用快捷键“Win+R”打开运行窗口，输入“services.msc”打开服务窗口，检查“MSSQLSERVER”是否启动	
4	调度台与ATS信号接口断开	故障原因： 1. 链路故障； 2. ATS未向CAD调度系统发送数据或发送数据错误 处理办法： 1. 检查CAD服务器到ATS系统的物理连接通道，确保该物理连接正常；若物理连接正常，接口仍显示断开，可临时使用调度台“手动转组”功能将列车转到调度管辖范围保证呼叫功能，待行车结束后拷贝故障时刻软件日志给厂家分析具体故障原因。 2. 确认ATS系统是否向CAD调度系统发送数据，ATS侧接口状态是否正常	

续上表

<table>
<tr><th>序号</th><th>故障现象</th><th>处理建议</th><th>备注</th></tr>
<tr><td>5</td><td>调度台时钟接口无连接</td><td>故障原因：
1. 链路故障；
2. 时钟系统未向 CAD 调度服务器发送数据或发送数据错误
处理办法：
1. 检查 CAD 服务器到时钟系统物理连接，确保该连接正常；
2. 确认时钟系统是否向 CAD 调度系统发送数据，时钟侧接口是否正常</td><td rowspan="5">1. GPS 天线由于安装在室外且无防护，设备材料可能存在一定的变性，在检查和处理时需要小心拆装，避免设备损坏。
2. 进入轨行区进行维修时须依照轨行区作业流程进行作业，做好安全防护及交底工作。
3. 登高作业时须做好相关的安全防护工作。
4. 触碰板卡时需要佩戴防静电手环。
5. 网管监控存在一定的延时，故障恢复后网管终端告警仍存在，此时以现场故障告警消除为准，但须持续与网管确认设备状态直至告警消除。
6. 对设备进行操作之前须进行安全技术交底，并掌握相关设备的基本操作流程和方法。
7. 严格按照各类规章及规程进行作业，发现违章行为须严厉制止</td></tr>
<tr><td>6</td><td>调度台控制台接口无连接</td><td>故障原因：
1. 二次开发系统与核心网连接断开；
2. 调度台软件连接异常
处理办法：
1. 检查二次开发交换机到核心网路由器的网络连接，在 CAD 服务器上 Ping SDR 的访问 IP；
2. 检查调度台到二次开发交换机的网络连接，在调度台上 Ping CAD 服务器的 IP 地址</td></tr>
<tr><td>7</td><td>固定台电源指示灯不亮，显示屏也没有显示工作状态</td><td>1. 检查固定台电源是否接到市电；
2. 检查固定台主机箱背部的电源开关是否打开</td></tr>
<tr><td>8</td><td>固定台主机面板指示灯状态不是全亮</td><td>故障原因：
1. 固定台未加电；
2. 固定台主机和固定台控制盒之间的电缆连接故障；
3. 电台与主机未建立连接
处理方法：
1. 查看固定台电源和控制盒指示灯是否点亮，亮表示供电正常；
2. 查看固定台主机和控制盒之间的连接电缆是否连接正确、牢靠；
3. 检查左右模块之间的电台控制线缆连接是否牢靠</td></tr>
<tr><td>9</td><td>固定台无信号或信号较弱</td><td>故障原因：
1. 天馈线故障或天线故障；
2. 电台故障；
3. 固定台配置信息错误
处理方法：
1. 排查无线信号覆盖问题，可比对同区域手持台或其他终端的信号覆盖情况；
2. 使用替换法排查是否为固定台电台故障问题，如果是电台问题需要返厂维修；
3. 使用“＊＃admin＃”命令检查电台配置信息是否正确</td></tr>
</table>

续上表

序号	故障现象	处理建议	备注
10	固定台时间无显示或状态类(通话请求、站车呼叫等)消息无法发送	故障原因: 1. 工作模式错误; 2. 固定台硬件故障 处理方法: 1. 排查固定台是否工作在集群模式; 2. 排查固定台硬件故障,控制盒与主机间连接线、主机左右模块连接线是否牢靠	1. GPS 天线由于安装在室外且无防护,设备材料可能存在一定的变性,在检查和处理时需要小心拆装,避免设备损坏。 2. 进入轨行区进行维修时须依照轨行区作业流程进行作业,做好安全防护及交底工作。 3. 登高作业时须做好相关的安全防护工作。 4. 触碰板卡时需要佩戴防静电手环。 5. 网管监控存在一定的延时,故障恢复后网管终端告警仍存在,此时以现场故障告警消除为准,但须持续与网管确认设备状态直至告警消除。 6. 对设备进行操作之前须进行安全技术交底,并掌握相关设备的基本操作流程和方法。 7. 严格按照各类规章及规程进行作业,发现违章行为须严厉制止
11	固定台呼叫时,被叫用户听不到呼叫	故障原因: 1. 固定台手柄损坏; 2. 组呼通话时未按下手柄 PTT 按键; 3. 与组呼用户未处于同一通话组 处理方法: 1. 检查手柄连接线是否牢靠,更换手柄连接线再次测试; 2. 按照正确组呼流程执行,先请呼—等回呼—长按 PTT 按键讲话; 3. 与组呼用户设置为同一通话组	
12	固定台接收用户组呼,声音小或无声传出	故障原因: 1. 固定台音量设置较小; 2. 固定台与用户未处于同一通话组 处理方法: 1. 调大控制盒音量; 2. 确认处于同一通话组,手持台单呼固定台检查是否有声音传出;若仍无声,可能为控制盒硬件故障,联系厂家进行返修	
13	固定台在使用中经常有串频或收到其他的噪声,干扰固定台的正常使用	故障原因: 1. 固定台工作模式错误; 2. 此频道可能受到干扰 处理方法: 1. 检查固定台是否工作在集群模式; 2. 此频道可能受到干扰,须立即以书面形式向通号部调度反映	
14	车载台无信号或信号弱	故障原因: 1. 天馈线故障或天线故障; 2. 电台故障; 3. 车载台配置信息错误 处理方法: 1. 排查无线信号覆盖问题,可比对同区域手持台或其他终端的信号覆盖情况; 2. 使用替换法排查是否为车载台电台故障问题,如果是电台问题须要返厂维修; 3. 使用“紧急—取消—菜单—上页—菜单—下页—取消”命令检查电台配置信息是否正确	

续上表

序号	故障现象	处理建议	备注
15	车载台呼出/呼入无声音	故障原因： 1. 手麦故障； 2. 车载台主机或控制盒硬件故障； 3. 车载台软件执行出错 处理方法： 1. 更换新手麦再次进行测试； 2. 检查主机左右模块连接线缆连接是否牢靠，分次替换控制盒、主机左模块、主机右模块，替换故障单元返修； 3. U盘拷贝故障车载台日志及录音文件，联系厂家进行分析故障原因	1. GPS天线由于安装在室外且无防护，设备材料可能存在一定的变性，在检查和处理时需要小心拆装，避免设备损坏。 2. 进入轨行区进行维修时须依照轨行区作业流程进行作业，做好安全防护及交底工作。 3. 登高作业时须做好相关的安全防护工作。 4. 触碰板卡时需要佩戴防静电手环。 5. 网管监控存在一定的延时，故障恢复后网管终端告警仍存在，此时以现场故障告警消除为准，但须持续与网管确认设备状态直至告警消除。 6. 对设备进行操作之前须进行安全技术交底，并掌握相关设备的基本操作流程和方法。 7. 严格按照各类规章及规程进行作业，发现违章行为须严厉制止
16	手持台不能与组内的其他组员通话，同时也不能收听到组内的其他组员讲话	1. 手持台的开/关音量是否打开； 2. 是否选择同一组，电话号码是否正确； 3. 讲话时是否按住通话键(PTT)； 4. 收听时是否松开通话键(PTT)； 5. 确认组内的其他组员是否在服务区内(地铁运营线路和车辆段、停车场区域内)	
17	手持台不能开机	1. 确认电池是否有电； 2. 更换手持台	
18	手持台在使用中经常有串频或收到其他对讲机、手持台的噪声，干扰手持台的正常使用	此频道可能受到干扰，须立即以书面形式向生产调度反映	
19	手持台收听到的声音不清晰、断续、啸叫	1. 是否在服务区内(地铁运营线路和车辆段区域内)； 2. 在距离只有几米或更近时两台手持台在使用直通模式通信会发生啸叫。此为正常现象，可把声音调小一点来解决	
20	手持台电池的使用时间比以前使用时间明显缩短	1. 此电池是否按正确的操作程序来充放电； 2. 此电池已按正确的操作程序来充放电，须更换新电池	

4.7　视频监视系统故障处理

视频监视系统故障现象及处理建议见表 4.7。

表 4.7　视频监视系统故障现象及处理建议

序号	故 障 现 象	处 理 建 议	备　注
1	监控软件终端设备登录不了	1. 检查用户名和密码是否正确。 2. 查看服务器地址是否正确： (1)不正确，则尝试 ping 服务器的 IP； (2)正确，则查看当前终端主机 IP 地址，是否有冲突，查看其他终端是否存在重复 IP 地址； 3. 故障仍未恢复则检查软件	1. 对带电部分进行操作时，必须使用绝缘性能良好的工器具，使用过程中禁止触摸绝缘工器具金属部分。 2. 触碰板卡时需要佩戴防静电手环。 3. 网管监控存在一定的延时，故障恢复后网管终端告警仍存在，此时以现场故障告警消除为准，但须持续与网管确认设备状态直至告警消除。 4. 对设备进行操作之前须进行安全技术交底，并掌握相关设备的基本操作流程和方法。 5. 严格按照各类规章及规程进行作业，发现违章行为须严厉制止。 6. 维修会影响车站正常设备使用时，根据影响范围选择设备使用率较低的时间段
2	车站控制室监视器故障	1. 检查监视器电源是否正常； 2. 重启监视器看画面是否恢复； 3. 检查监视器主机使用是否正常； 4. 检查监视器是否有信号输入：若无，检查连线、接头及上一级设备；若有，更换故障监视器	
3	监视器显示某图像不正常	1. 重启图像编号对应的摄像机； 2. 如显示仍不正常，检查机柜设备是否正常，如正常，继续检查从机房到摄像机的网络是否存在问题，如网络正常，则用工程宝测试该摄像机。不行则更换该摄像机	
4	图像控制软件无法正常使用	1. 重启计算机及图像控制软件； 2. 检查线路、接头及计算机的 IP 地址是否正确； 3. 检查磁盘阵列	
5	录像存储设备故障	1. 检查录像存储设备指示灯是否正常； 2. 检查从交换机到录像存储设备的线路连接； 3. 尝试 ping 录像存储设备 IP 的地址是否正常； 4. 重新按设备要求正常关闭该录像存储设备	
6	交换机故障	1. 检查交换机各指示灯是否正常； 2. 检查交换机电源是否存在问题； 3. 检查交换机各线路是否正常连接； 4. 尝试用维护终端连接交换机查看交换机的数据配置	
7	OCC 大屏无图像	1. 检查车站视频是否正常，如不正常，进行检修车站的设备。若正常，则检查中心设备房机柜的设备是否正常，若不正常检查交换机及视频服务器、8 路解码器是否正常，若正常则进行下一步检查。 2. 检查从 CCTV 机柜送至大屏物理接口是否正常连接，是否大屏显示存在故障导致	
8	控件安装失败	1. 执行登录页面的“IE 配置工具”，根据提示自动完成 IE 相关设置； 2. 手动将 VM-PS 服务器的 IP 加入 IE 的可信站点，操作方式：工具→Internet 选项→安全，选择“可信站点”并单击“站点”按钮，添加可信站点	

续上表

序号	故 障 现 象	处 理 建 议	备 注
9	加载安装控件时，弹出两个相同的运行提示框，控件加载失败	1. 执行登录页面的“IE 配置工具”，根据提示自动完成 IE 相关设置； 2. 关闭 SmartScreen 筛选器即可，操作方式：安全→SmartScreen 筛选器→关闭 SmartScreen 筛选器	1. 对带电部分进行操作时，必须使用绝缘性能良好的工器具，使用过程中禁止触摸绝缘工器具金属部分。 2. 触碰板卡时需要佩戴防静电手环。 3. 网管监控存在一定的延时，故障恢复后网管终端告警仍存在，此时以现场故障告警消除为准，但须持续与网管确认设备状态直至告警消除。 4. 对设备进行操作之前须进行安全技术交底，并掌握相关设备的基本操作流程和方法。 5. 严格按照各类规章及规程进行作业，发现违章行为须严厉制止。 6. 维修会影响车站正常设备使用时，根据影响范围选择设备使用率较低的时间段
10	播放高清视频编码器下挂摄像机的实况时，画面上出现蓝绿色条纹	1. 摄像机的制式与对应的编码器制式必须匹配； 2. PC 机上使用 ATI X1550(及以上)或 NVIDIA GF 7300LE(及以上)显卡芯片的 256M 以上显存的主流独立显卡，硬件支持 DirectX 9.0c	
11	新建实况超时	1. 确认网络是否通畅：在 VM-PS 上是否能 ping 通 EC、DC 及客户端计算机的 IP，如果不能 ping 通，须确认网络的物理连接是否正常； 2. 确认外域管理页面的外域 IP 地址和 SIP 端口是否设置正确； 3. 确认设备是否离线或正在重启，待设备重新上线，实况即可正常	
12	实况黑屏	1. 确认 VM-PS、MS 及客户端计算机的防火墙是否开启：需要将防火墙设置为关闭状态。 2. 确认网络是否不支持组播：需要将客户端计算机、EC、DC 设置为不支持组播。 3. 确认丢包率是否较高：确保网络传输不丢包或降低丢包率。 4. 确认客户端计算机的配置是否满足要求： (1)显卡要使用最新的驱动程序，可通过 DirectX 诊断工具(在“运行”中输入 dxdiag)判断显卡和显卡驱动。 (2)图形硬件启用全部加速功能，(以 Windows XP 为例，在“控制面板”的“显示”属性窗口中进行设置)。 (3)显示品质和显卡模式设置正确。播放窗格的显示品质默认为“高品质”，显卡需要启用 Direct3D 模式；如果显卡不支持该模式或客户端计算机配置较低，则显示品质需要设置为“普通品质”，显卡启用 DirectDraw 模式。显卡模式可通过 DirectX 诊断工具(在“运行”中输入 dxdiag)进行设置。 (4)显卡的颜色质量设置为“最高(32 位)”。 5. 确认是否有其他设备与 MS 设备的 IP 地址冲突：找到 IP 地址冲突的设备，修改其 IP 地址。 6. 确认转发设备是否已配置默认路由：如果 EC 设置支持组播模式、客户端计算机或 DC 设置单播模式，在媒体服务策略为自适应的情况下，就会选用系统中的 MS、ISC3000-E 等设备进行转发。如果转发设备未配置默认路由，客户端计算机就接收不到流量，须登录转发设备并为其配置默认路由	

续上表

<table>
<tr><th>序号</th><th>故障现象</th><th>处理建议</th><th>备注</th></tr>
<tr><td>13</td><td>摄像机实况图像卡顿</td><td>当网络环境较差时，使用ping命令检查该摄像机网络是否畅通，是否存在比较大的丢包。若不存在丢包可以尝试重启摄像机；若存在丢包，分段检查各个接口光功率是否达到要求，对有问题的尾纤进行更换或使用备用尾纤</td><td rowspan="5">1. 对带电部分进行操作时，必须使用绝缘性能良好的工器具，使用过程中禁止触摸绝缘工器具金属部分。
2. 触碰板卡时需要佩戴防静电手环。
3. 网管监控存在一定的延时，故障恢复后网管终端告警仍存在，此时以现场故障告警消除为准，但须持续与网管确认设备状态直至告警消除。
4. 对设备进行操作之前须进行安全技术交底，并掌握相关设备的基本操作流程和方法。
5. 严格按照各类规章及规程进行作业，发现违章行为须严厉制止。
6. 维修会影响车站正常设备使用时，根据影响范围选择设备使用率较低的时间段</td></tr>
<tr><td>14</td><td>回放录像时，拖动播放进度条无效</td><td>磁盘中对应该时间段，实际没有录像，跳过即可</td></tr>
<tr><td>15</td><td>回放录像时，拖动时间轴上绿色播放条播放录像时，提示“RTSP异常下线”</td><td>1. 磁盘读写错误，须检查磁盘；
2. 磁盘中对应该时间段，实际没有录像，跳过即可</td></tr>
<tr><td>16</td><td>存储超级终端故障</td><td>存储设备启动后，如果系统正常，将在管理工作站的超级终端上显示启动信息；如果系统出现故障，超级终端可能无显示启动信息或者显示为乱码。
1. 超级终端无显示故障处理
(1)先做以下检查：
①存储设备的电源系统是否正常；
②管理工作站和存储设备的串口1之间的串口配置电缆是否连接正确。
(2)如果以上检查未发现问题，很可能有如下原因：
①串口配置电缆连接的串口错误(实际连接的串口与超级终端设置的串口不匹配)；
②超级终端参数设置错误(参数设置要求为：波特率为115 200，数据位为8，奇偶校验为无，停止位为1，流量控制为无，选择终端仿真为VT100)；
③串口配置电缆有故障；
④设备或管理工作站有故障。
2. 超级终端显示乱码故障处理
如果超级终端上显示乱码，很可能是超级终端参数设置错误，须进行相应检查</td></tr>
<tr><td>17</td><td>电源模块故障</td><td>根据电源模块指示灯的状态，可以初步诊断电源模块的故障原因。
1. 当电源模块已接入电源，但电源模块指示灯不亮，须先进行如下检查：
(1)电源线是否连接正确；
(2)供电系统与设备所要求的电源是否匹配；
(3)电源模块是否安装到位。
2. 若以上检查项均无误，则可能是如下情况：
(1)电池模块故障；
(2)电源模块插槽故障；
(3)先更换电源模块，如果更换电源模块后故障未消除，则可能是电源模块槽位有故障</td></tr>
</table>

续上表

序号	故 障 现 象	处 理 建 议	备 注
18	磁盘故障	故障现象：磁盘故障/阵列状态指示灯(黄色)常亮。 进行交叉槽位和交叉磁盘测试，确认磁盘是否故障。若确认磁盘存在故障，先和厂家进行确认，然后再更换磁盘	1. 对带电部分进行操作时，必须使用绝缘性能良好的工器具，使用过程中禁止触摸绝缘工器具金属部分。 2. 触碰板卡时需要佩戴防静电手环。 3. 网管监控存在一定的延时，故障恢复后网管终端告警仍存在，此时以现场故障告警消除为准，但须持续与网管确认设备状态直至告警消除。 4. 对设备进行操作之前须进行安全技术交底，并掌握相关设备的基本操作流程和方法。 5. 严格按照各类规章及规程进行作业，发现违章行为须严厉制止。 6. 维修会影响车站正常设备使用时，根据影响范围选择设备使用率较低的时间段
19	磁盘槽位故障	1. 磁盘电源/定位/Active 指示灯不亮，且系统没有发现该磁盘，则重新插拔该磁盘，1 min 后，若该磁盘电源/定位/Active 指示灯还未点亮，须将一块工作正常的磁盘插入到该槽位。如果故障未消除，说明该磁盘槽位存在故障。 2. 磁盘电源/定位/Active 指示灯黄色常亮，但系统没有发现该磁盘，则重新插拔该磁盘，检查系统是否可以发现该磁盘。若系统仍未发现该磁盘，须将一块工作正常的磁盘插入到该槽位。若系统仍然找不到该槽位的磁盘，则说明该槽位存在故障	
20	单个摄像机不在线情况	1. 查看摄像机是否正常供； 2. 确认终端设备是否能 ping 通摄像机； 3. 查看机房到摄像机之间的收发光情况； 4. 平台和摄像机之间的协议和编码是否正确	
21	平台查看某个摄像机监控出现卡顿	1. 确认网络设备到摄像机之间是否出现丢包的情况； 2. 确认平台设备到摄像机之间是否出现丢包的情况	
22	平台监控画面卡顿	1. 查看监控平台主机网络速率是否为 1 000 Mb/s，若速率达不到要求，检查光端机到平台主机的网络接口是否存在松动，检查光端机接收光功率是否达到要求； 2. 若以上均正常，重启电脑主机，重新登录账号	
23	平台某一分屏或某几个分屏无画面	查看播放路数是否达到要求，进入本地设置，选择视屏业务的播放窗格控制，调整最大播放路数	
24	摄像机监控区域同标签不符合	登录该摄像机在 OSD 界面进行更改	
25	摄像机画面显示模糊	1. 对摄像机进行调焦； 2. 若调焦无法解决，查看摄像机相关配置参数是否存在异常	
26	摄像机画面显示失真	1. 若为一瞬间画面突然失真，后缓慢恢复的，为正常现象； 2. 若失真后没有自动恢复，登录摄像机尝试调节相关色彩的参数进行恢复	

4.8　广播系统故障处理

广播系统故障现象及处理建议见表4.8。

表4.8　广播系统故障现象及处理建议

序号	故障现象	处理建议	备注
1	中心广播控制盒无法正常操作	1. 检查该控制盒电源是否正常，如果电源故障，更换电源模块； 2. 检查其他中心广播控制盒，如果使用正常，则检查故障广播盒控制线路； 3. 如果其他广播盒也无法使用，则检查维护终端，更换中心机柜内故障模块	1. 对带电部分进行操作时，必须使用绝缘性能良好的工器具，使用过程中禁止触摸绝缘工器具金属部分。 2. 触碰板卡时需要佩戴防静电手环。 3. 网管监控存在一定的延时，故障恢复后网管终端告警仍存在，此时以现场故障告警消除为准，但须持续与网管确认设备状态直至告警消除。 4. 对设备进行操作之前须进行安全技术交底，并掌握相关设备的基本操作流程和方法。 5. 严格按照各类规章及规程进行作业，发现违章行为须严厉制止。 6. 维修会影响车站正常设备使用时，根据影响范围选择设备使用率较低的时间段。 7. 登高作业时做好安全防护
2	中心音频信号无法传到各车站	1. 检查维护终端有无故障，若有则更换故障模块； 2. 检查线路接头有无松动； 3. 检查传输通道	
3	车站广播控制盒无法正常操作	1. 检查控制盒是否处于锁定状态； 2. 检查广播控制盒通信是否正常，语音合成器通信是否正常； 3. 重启该广播盒，若故障未恢复则更换广播控制盒； 4. 如故障仍未恢复则检查线路接头	
4	站台广播控制盒无法正常操作	1. 测试别的广播控制盒能否正常工作（注意广播控制盒的设置是否正确，地址是否正确），广播控制盒通信是否正常，语音合成器通信是否正常； 2. 重启该广播盒，若故障未恢复则更换广播控制盒； 3. 如故障仍未恢复则检查线路接头	
5	车站无自动广播	1. 检查车站站台广播区是否被占用并释放占用的广播区； 2. 模拟触发信号，测试模块内储存内容是否正确，如没有内容则需更换对应芯片并重新录音； 3. 检查信号系统是否有正确触发信号接入； 4. 如故障仍未恢复则检查线路接头	
6	车站某广播区无广播	1. 查看广播控制盒通信是否正常，若无音频输出，则检查功率放大器是否正常工作； 2. 重启广播控制盒再次对该广播区进行广播，看故障是否恢复	
7	上电后，整个系统没有电	检测外接电源是否正常供电，查看BHP-M-50电源监测器的电源指示灯是否正常，查看电压表和电流表是否正常显示，用万用表测量输出端两路是否能够正常输出	
8	上电后，个别单机设备不能正常上电	查看设备电源指示灯是否显示正常，用AC 220 V供电的设备，检测PDU分路开关是否能够提供AC 220 V正常电源；用DC 24 V供电的设备，检测为其供电的电源是否稳定，能否提供正常的DC 24 V电源，是否有电压过高或过低情况，注意测量DC 24 V正负极，检测设备连接是否反接将设备烧坏，确定故障设备并更换或修改	

续上表

<table>
<tr><th>序号</th><th>故 障 现 象</th><th>处 理 建 议</th><th>备 注</th></tr>
<tr><td>9</td><td>上电后，个别模块或机箱内所有模块不能正常上电</td><td>查看该模块电源指示灯是否正常亮，插拔该模块，观察其他模块上电状态有没有变化，检查该机箱电源模块 AC 220 V和DC 24 V指示灯是否正常。检查给该机箱供电的AC 220 V是否正常。将其他模块连同故障模块全部拔下，只留电源模块，查看是否正常，逐个插上该机箱其他模块，查看是否有模块电源故障将机箱短路。检测电源模块供给的DC 24 V是否正常。如查出有模块故障，更换后重复上一步测试查看是否恢复</td><td rowspan="7">1. 对带电部分进行操作时，必须使用绝缘性能良好的工器具，使用过程中禁止触摸绝缘工器具金属部分。
2. 触碰板卡时需要佩戴防静电手环。
3. 网管监控存在一定的延时，故障恢复后网管终端告警仍存在，此时以现场故障告警消除为准，但须持续与网管确认设备状态直至告警消除。
4. 对设备进行操作之前须进行安全技术交底，并掌握相关设备的基本操作流程和方法。
5. 严格按照各类规章及规程进行作业，发现违章行为须严厉制止。
6. 维修会影响车站正常设备使用时，根据影响范围选择设备使用率较低的时间段。
7. 登高作业时做好安全防护</td></tr>
<tr><td>10</td><td>广播控制盒与系统无通信状态</td><td>1. 首先查看 BHP-C-104T 广播控制盒，再上电或按键发命令时通信灯会不会相应闪动；
2. 查看交换机和广播盒连接的端口灯会不会闪烁，连接线缆是否正常连接；
3. 校对广播盒与系统连接的以太网线缆是否正确对应，线序是否是一一对应，有无虚插现象；
4. 更换广播控制盒，查看状态是否一致</td></tr>
<tr><td>11</td><td>控制命令发出后，只有一部分设备响应，有些设备无反应</td><td>1. 检测各设备与交换机之间连接的以太网线序是否正确，有无虚插现象；
2. 更换没有动作的模块，查看状态是否相同；
3. 拔下此条控制命令中用不到的模块，只留下几个有用的模块，看现象是否相同；
4. 逐个将其他模块插上，期间反复操作控制命令，查看是哪个模块的问题</td></tr>
<tr><td>12</td><td>监听命令下发后，广播控制盒没有反应</td><td>查看 BHP-C-104T 广播控制盒内部的扬声器接线是否正确，调节广播盒监听扬声器音量</td></tr>
<tr><td>13</td><td>广播时，系统输出端没有音频信号</td><td>首先，排查相对应的信源是否能够正常输出音频信号。话筒前级按住红色按钮讲话时，“输出”灯是否会亮。检测各控制盒及话筒前级话筒音量旋钮位置是否正常，音量值是否正常。
确定信源能够正常输出后，查看每路信源对应的以太网灯是否闪烁，校对线缆是否正确。确认音频信号能够从交换机输出去功放后，检测从接线排至功放之间的音频线是否有短路或插错顺序问题。确认功放工作正常、音量值正常时，测量功放输出端电压是否正常。查看负载线有没有接错情况</td></tr>
<tr><td>14</td><td>监听音频不能回到广播盒端</td><td>首先确认在广播盒或控制终端的控制下监听功能已正常开启，将广播盒的监听音量调大，校验以太网连接线缆，确认线缆线序正确没有虚接</td></tr>
<tr><td>15</td><td>广播语速不正常</td><td>这类情况可能是广播模块或功率放大器故障或死机。
首先排查模块问题，关闭无线终端控制器，逐个断开除语音合成模块的其他模块，同时听广播语速有没有恢复，当断开某一个模块断开时广播恢复，说明此模块故障。可以对此模块进行重启，重启后故障仍存在，可以更换此模块。
若各模块均正常，可以考虑功率放大器的故障。首先断开所有功率放大器同交换机的连接，找到一个合适的广播区域对应的功放进行测试（办公区或设备区），连上此区域功放，若广播语速正常再按顺序将功放恢复连接，测试中若有一功放连接上后广播语速异常，则此功放故障。可以采取对功放进行重启，重做网线接头来尝试恢复，若无法恢复须对功放进行更换</td></tr>
</table>

4.9　乘客信息系统故障处理

乘客信息系统故障现象及处理建议见表4.9。

表4.9　乘客信息系统故障现象及处理建议

<table>
<tr><th>序号</th><th>故障现象</th><th>处理建议</th><th>备注</th></tr>
<tr><td>1</td><td>不能正常开机</td><td>1. 确认正确地连接电源线；
2. 检查计算机电源模块；
3. 检查主板；
4. 检查硬盘连接；
5. 检查操作系统是否完整</td><td rowspan="9">1. 对带电部分进行操作时，必须使用绝缘性能良好的工器具，使用过程中禁止触摸绝缘工器具金属部分。
2. 触碰板卡时需要佩戴防静电手环。
3. 网管监控存在一定的延时，故障恢复后网管终端告警仍存在，此时以现场故障告警消除为准，但须持续与网管确认设备状态直至告警消除。
4. 对设备进行操作之前须进行安全技术交底，并掌握相关设备的基本操作流程和方法。
5. 严格按照各类规章及规程进行作业，发现违章行为须严厉制止。
6. 维修会影响车站正常设备使用时，根据影响范围选择设备使用率较低的时间段。
7. 登高作业时做好安全防护</td></tr>
<tr><td>2</td><td>加电后无显示</td><td>1. 确认 LCD 屏正确地连接电源线；
2. 检查 LCD 屏是否开机；
3. 检查前端 LCD 屏是否开机；
4. 检查视频输出电缆是否脱落</td></tr>
<tr><td>3</td><td>网络连接中断</td><td>1. 检查网络连接是否被人为关闭；
2. 检查网线是否连接正常；
3. 检查网卡是否正确安装；
4. 检查与网络交换机连接是否正常</td></tr>
<tr><td>4</td><td>LCD 播放控制器播出中断</td><td>1. 检查显示终端是否工作正常；
2. 查看播表是否有时间空白窗口；
3. 检查软件是否正常运行</td></tr>
<tr><td>5</td><td>LCD 播放控制器操作系统崩溃</td><td>1. 检查视频硬件电视制式是否为 HDMI；
2. 检查视频连线是否正常；
3. 检查输入端视频信号是否正常</td></tr>
<tr><td>6</td><td>LCD 播放控制器播出软件不能正常启动</td><td>1. 检查显卡是否正确安装运行；
2. 确认颜色数为 32 位色；
3. 重新安装播出软件</td></tr>
<tr><td>7</td><td>ATS 信息及其他信息播出异常</td><td>1. 检查网络连接是否被人为关闭；
2. 检查网线是否连接正常；
3. 检查网卡是否正确安装；
4. 检查与网络交换机连接是否正常；
5. 检查相关接口程序是否正常运行</td></tr>
<tr><td>8</td><td>网络视频中断</td><td>1. 相应连接电缆是否连接正常；
2. 检查以太网卡是否工作正常；
3. 利用 ping 命令测试与控制中心和车站服务器的连接；
4. 检查网络编码器运行是否正常</td></tr>
<tr><td>9</td><td>LCD 屏花屏</td><td>重启花屏区域对应的 LCD 播放控制器</td></tr>
</table>

续上表

<table>
<tr><th>序号</th><th>故障现象</th><th>处理建议</th><th>备注</th></tr>
<tr><td>10</td><td>某区域LCD屏黑屏或无信号</td><td>1. 首先联系网管查看LCD播放控制器状态是否正常；
2. 现场确认LCD播放控制器状态，若均正常，可以尝试重启LCD播放控制器；
3. 查看设备室内该区域LCD屏的电源空开是否正常，空开输入输出是否正常；
4. 查看LCD播放控制器到视频分配转换器之间的连接是否正常，视频分配转换器是否正常</td><td rowspan="6">1. 对带电部分进行操作时，必须使用绝缘性能良好的工器具，使用过程中禁止触摸绝缘工器具金属部分。
2. 触碰板卡时需要佩戴防静电手环。
3. 网管监控存在一定的延时，故障恢复后网管终端告警仍存在，此时以现场故障告警消除为准，但须持续与网管确认设备状态直至告警消除。
4. 对设备进行操作之前须进行安全技术交底，并掌握相关设备的基本操作流程和方法。
5. 严格按照各类规章及规程进行作业，发现违章行为须严厉制止。
6. 维修会影响车站正常设备使用时，根据影响范围选择设备使用率较低的时间段。
7. 登高作业时做好安全防护</td></tr>
<tr><td>11</td><td>单块或同一机箱LCD屏黑屏或无信号</td><td>1. 尝试用遥控器启动LCD屏。
2. 检查视频分配转换器、PIS ODF侧尾纤接口是否紧固。
3. 更换故障屏幕在视频分配转换器上的接口。
4. 查看LCD屏信号接收模块指示灯状态，是否能正常接收信号，用光功率计查看信号强度是否正常。若光功率异常，分段进行光功率测试，并紧固光路接头，确认尾纤故障，可以更换备用尾纤。
5. 查看电源端子线缆连接是否紧固，测量电源端子输出输入是否正常。
6. 若进行以上排查后均正常，可以考虑屏幕本身损坏</td></tr>
<tr><td>12</td><td>站台门LCD屏无信号</td><td>1. 单个LCD屏黑屏，故障归属站台门专业；
2. 整侧LCD屏无信号只需确认LCD播放控制器设备状态，可以采用重启或倒换的方式进行判断，若正常，该故障属于站台门专业</td></tr>
<tr><td>13</td><td>LCD屏播放画面为播控自身存储的视频源</td><td>该故障原因在于播控无法接收到中心下发的视频源。
1. 同网管确认传输同PIS的接口是否有伴随告警(整个站LCD画面均异常)；
2. 测试交换机到播控的网线是否正常(某一区域LCD屏异常)</td></tr>
<tr><td>14</td><td>网管显示查询机离线，现场查询机正常显示</td><td>1. 查询机同交换机之间的网路不通，须检查光转工作是否正常(通过指示灯判断光转是否有收发信号)，并测量光转收发光功率是否正常，测试光转到查询机主机的网线是否能够正常接通。若为网线故障，先重做水晶头进行测试，必要时可以更换网线。若为光路故障，可更换备用尾纤或更换光转。
2. 排除以上故障后，可能是设备接口故障，可以更换其他接口进行测试</td></tr>
<tr><td>15</td><td>查询机白屏、图像倒置或图像错位</td><td>网管或现场重启查询机</td></tr>
</table>

第5章 城市轨道通信专用仪器仪表使用

对城市轨道交通通信专用仪器仪表能正确使用是作为通信工岗位日常维护、测试中需要掌握的必要技能。专用通信仪器仪表的作用是定量测量设备的各种运用指标或是定性判断设备的使用状态。本章列出了通信工岗位日常使用的常用仪器仪表,并对它们的使用方法予以简要介绍。

5.1 稳定光源

光源采用新型微电脑芯片控制,大屏幕彩色液晶显示,可用于通常的光纤接头损耗测试,光纤网络,LAN、FDDI、ATM、FTTH 光纤系统,以及电信网络、CATV 系统等需要大动态范围测试的系统维护。

5.1.1 外观结构

光源仪器由光输出端、电源接口、LCD 显示屏、ON/OFF 键、LIGHT 键、WAVE 键、MODE 键、AUTO OFF 键组成,如图 5.1 所示。

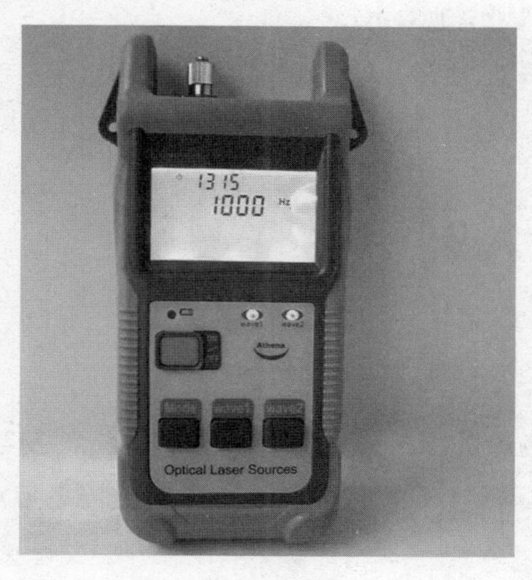

图 5.1 光源仪器

1. 光输出端:可用 FC 型光纤连接器与被测器件的信号接收端相连。

2. LCD 显示屏:LCD 显示输出的光波长值。

3. ON/OFF 键:按 ON/OFF 键至液晶有显示,即可启动,同时在开机状态下,按下该键,即可关机(须在开机 1 s 后)。

4. WAVE 键:按下该键,可以选择不同的输出波长值,该值将在 LCD 上显示。

5. MODE 键:切换光源的调制频率。在 CW. 270 Hz、1 000 Hz、2 000 Hz 之间进行切换。

6. LIGHT 键:按动该键可以选择打开和关闭液晶的背光。

7. AUTO OFF 键:按动该键可以打开或关闭自动关机功能。

5.1.2 使用方法

1. 将光纤连接器接入光输出端口。

2. 按下 ON/OFF 键打开,工作指示灯亮。

3. 通过按动 WAVE 键来调整光源的输出波长。

4. 通过按动 MODE 键来调整光源的调制频率。

5. 手持式稳定光源的各种工作状态都将在仪表的液晶上显示出来。电池电量不足时,电量不足标志每隔 1 s 闪一次,闪十次后关机,接充电器充电即可。

6. 关机:按 ON/OFF 键,指示灯灭,LCD 不显示,关机。

5.1.3 注意事项

1. 仪器长时间不用请将电池取出。

2. 仪器应避免机械振动、碰撞、跌落及其他机械损伤。

3. 光接收插座应注意保护,防止硬物脏物触及,不工作时应及时盖好护盖,谨防灰尘或其他有害气体的侵蚀。

4. 仪器储存应先包装好,放在通风干燥的室内。

5.2 光功率计

光功率计是根据现场测试特点专门设计的高灵敏度、高精度的光功率测量仪器,可进行光功率的绝对量、相对量测量,同时还能满足光前端、光纤各节点功率及光无源器件损耗等参数的测量。

5.2.1　外观结构

光功率由通用型光接口、LCD 显示屏、电源接口、ON/OFF 键、LIGHT 键、dB 键、AUTO OFF 键、ZERO 键、λ 键组成，如图 5.2 所示。

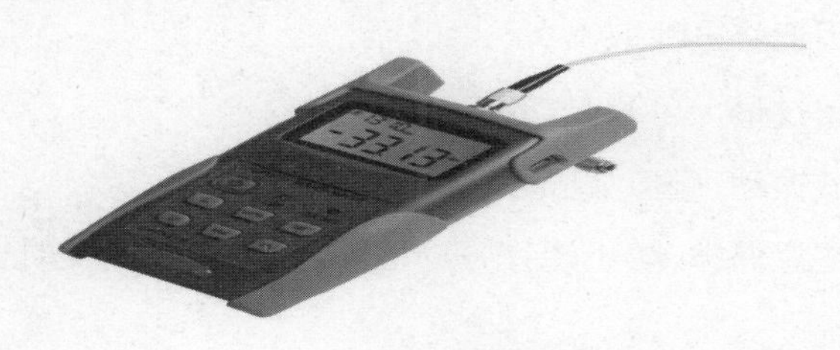

图 5.2　光功率计

1. 通用型光接口：可连接 FC、SC、ST，无须转换。

2. LCD 显示屏：LCD 显示所测得的光功率值，以 dB、dBm、mW、W、nW 的形式显示；设定的波长有 850 nm、980 nm、1 300 nm、1 310 nm、1 490 nm、1 550 nm 等。

3. ON/OFF 键：按 ON/OFF 键至液晶有显示，即可启动，同时在开机状态下，按下该键，即可关机(须在开机 1 s 后)。

4. dB 键：在设定波长下，进行光功率的相对测量。

5. ZERO 键：按动该键，进行光功率计的自调零。

6. λ 键：λ 波长选择键，按压该键，可以选择不同的波长，有 850 nm、980 nm、1 300 nm、1 310 nm、1 490 nm、1 550 nm 六种波长供选择，该值也将在 LCD 上显示。

7. LIGHT 键：按动该键可以选择打开和关闭液晶的背光。

8. AUTO OFF 键：按动该键可以打开或关闭自动关机功能。

5.2.2　使用方法

1. 开机/关机

按住表面板上的 ON/OFF 键，LCD 显示，开机完毕。

按下仪表面板上的 ON/OFF 键，LCD 无显示，光功率计关闭。

2. 绝对光功率测量

打开光功率计。

设定测量波长，通过入键选择测量波长，默认设置为 1 310 nm。

接入被测光，屏幕显示为当前测量值，包括绝对功率的线性和非线性值。

3. 相对光功率测量

设定测量波长。在绝对光功率测量模式下，接入测量光，测得当前功率值。

按动 dB 键，当前光功率值成为当前参考值（以 dBm 为单位）。接入另一测量光，显示当前测量光的绝对光功率值和相对光功率值。

5.2.3　注意事项

1. 仪器长时间不用请将电池取出。

2. 测量范围不要超过最大可测光功率：4 mW。

3. 仪器应避免机械振动、碰撞、跌落及其他机械损伤。

4. 光接收插座应注意保护，防止硬物脏物触及，不工作时应及时盖好护盖，谨防灰尘或其他有害气体的侵蚀。

5. 仪器储存应先包装好，放在通风干燥的室内。

5.3　光纤熔接机

光纤熔接机主要用于光通信中光缆的施工和维护，又叫光缆熔接机。一般工作原理是利用高压电弧将两光纤断面熔化的同时用高精度运动机构平缓推进让两根光纤融合成一根，以实现光纤模场的耦合。普通光纤熔接机一般是指单芯光纤熔接机，除此之外，还有专门用来熔接带状光纤的带状光纤熔接机，熔接皮线光缆和跳线的皮线熔接机，熔接保偏光纤的保偏光纤熔接机等。

按照对准方式不同，光纤熔接机还可分为两大类：包层对准式和纤芯对准式。包层对准式主要适用于要求不高的光纤入户等场合，所以价格相对较低；纤芯对准式光纤熔接机配备精密六马达对芯机构、特殊设计的光学镜头及软件算法，能够准确识别光纤类型并自动选用与之相匹配的熔接模式来保证熔接质量，技术含量较高，因此价格相对也会较高。

光纤熔接机如图 5.3 所示。

图 5.3　光纤熔接机

5.3.1　使用方法

1. 开剥光缆，并将光缆固定到盘纤架上。常见的光缆有层绞式、骨架式和中心束管式，不同的光缆要采取不同的开剥方法，剥好后要将光缆固定到盘纤架。

2. 将剥开后的光纤分别穿过热缩管。不同束管、不同颜色的光纤要分开，分别穿过热缩管。

3. 打开熔接机电源，选择合适的熔接方式。光纤常见类型规格有：SM 色散非位移单模光纤（ITU-T G. 652）、MM 多模光纤（ITU-T G. 651）、DS 色散位移单模光纤（ITU-T G. 653）、NZ 非零色散位移光纤（ITU-T G. 655），BI 耐弯光纤（ITU-T G. 657）等，要根据不同的光纤类型来选择合适的熔接方式，而最新的光纤熔接机有自动识别光纤的功能，可自动识别各种类型的光纤。

4. 制备光纤端面。光纤端面制作的好坏将直接影响熔接质量，所以在熔接前必须制备合格的端面。用专用的剥线工具剥去涂覆层，再用沾用酒精的清洁麻布或棉花在裸纤上擦拭几次，使用精密光纤切割刀切割光纤，对于 0.25 mm（外涂层）光纤，切割长度为 8 mm～16 mm，对于 0.9 mm（外涂层）光纤，切割长度只能是 16 mm。

5. 放置光纤。将光纤放在熔接机的 V 形槽中，小心压上光纤压板和光纤夹具，要根据光纤切割长度设置光纤在压板中的位置，并正确地放入防风罩中。

6. 接续光纤。按下接续键后，光纤相向移动，移动过程中，产生一个短的放电清洁光纤表面，当光纤端面之间的间隙合适后熔接机停止相向移动，设定初始间隙，熔接机测量，并显示切割角度。在初始间隙设定完成后，开始执行纤芯或包层对准，然后熔接机减小间隙（最后的间隙设定），高压放电产生的电弧将左边光纤熔到右边光纤中，最后微处理器计算损耗并将数值显示在显示器上。如果估算的损耗值比预期的要高，可以按放电键再次放电，放电后熔接机仍将计算损耗。

7. 取出光纤并用加热器加固光纤熔接点。打开防风罩，将光纤从熔接机上取出，再将热缩管移动到熔接点的位置，放到加热器中加热，加热完毕后从加热器中取出光纤。操作时，由于温度很高，不要触摸热缩管和加热器的陶瓷部分。

8. 盘纤并固定。将接续好的光纤盘到光纤收容盘上，固定好光纤、收容盘、接头盒、终端盒等，操作完成。

5.3.2　日常养护

光纤熔接机的易损耗材为放电的电极。基本放电 4 000 次左右就需要更换新电极。

更换电极方法：首先取下电极室的保护盖，松开固定上电极的螺丝，取出上电极。然后松开固定下电极的螺丝，取出下电极。新电极的安装顺序与拆卸动作相反，要求两电极尖间隙为(2.6±0.2)mm，并与光纤对称。通常情况下电极是不须调整的。在更换的过程中不可触摸电极尖端，以防损坏，并应避免电极掉在机器内部。更换电极后须进行电弧位置的校准或是简单处理，重新打磨，但是长度会发生变化，相应的熔接参数也需做出修改。

5.4 光时域反射仪

光时域反射仪(英文名称：optical time-domain reflectometer，OTDR)是利用光线在光纤中传输时所产生的背向散射和菲涅尔反射而制成的精密光电一体化仪表。它被广泛应用于光缆线路的维护、施工之中，可进行光纤长度、光纤的传输衰减、接头衰减和故障定位等的测量。

5.4.1 外观结构

OTDR的外观结构由液晶屏、按键、光纤接口、输出接口组成，如图5.4所示。

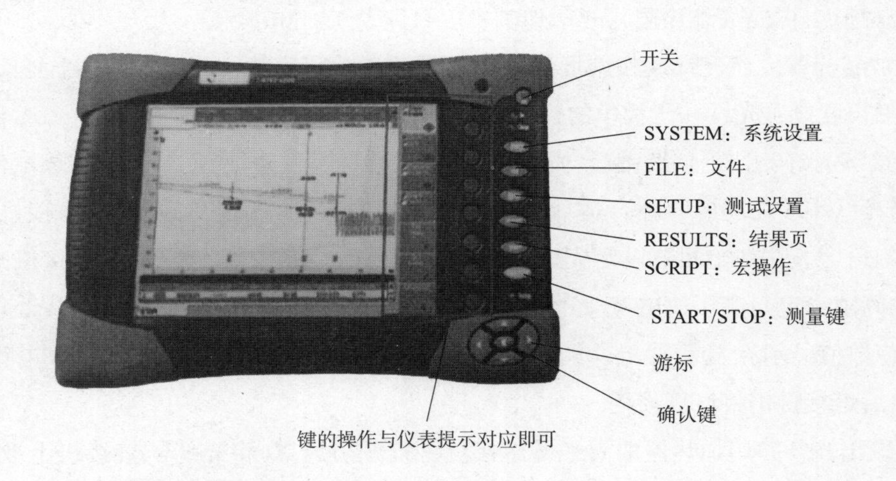

图5.4 光时域反射仪

5.4.2 原理介绍

光时域反射仪(OTDR)是通过对测量曲线的分析，了解光纤的均匀性、缺陷、断裂、接头耦合等若干性能的仪器。它根据光的后向散射与菲涅尔反向原理制作，利用光在光纤中传播时产生的后向散射光来获取衰减的信息，可用于测量光纤衰减、接头损耗、光纤故障点定位以及了解光纤沿长度的损耗分布情况等，是光缆施工、维护及监测中必不可少的工具。

光时域反射仪会打入一连串的光突波进入光纤来检验。检验的方式是由打入突波的同一侧接收光信号，因为打入的信号遇到不同折射率的介质会散射及反射回来。反射回来的光信号强度会被量测到，并且是时间的函数，因此可以将之转算成光纤的长度。

光时域反射仪可以用来量测光纤的长度、衰减，包括光纤的熔接处及转接处皆可量测。在光纤断掉时也可以用来量测中断点。

OTDR动态范围的大小对测量精度的影响初始背向散射电平与噪声低电平的dB差值被定义为OTDR的动态范围。其中，背向散射电平初始点是入射光信号的电平值，而噪声低电平为背向散射信号，为不可见信号。动态范围的大小决定OTDR可测光纤的距离。当背向散射信号的电平低于OTDR噪声时，它就成为不可见信号。

随着光纤熔接技术的发展，人们可以将光纤接头的损耗控制在0.1 dB以下，为实现对整条光纤的所有小损耗的光纤接头进行有效观测，人们需要大动态范围的OTDR。增大OTDR动态范围主要有两个途径：增加初始背向散射电平和降低噪声低电平。影响初始背向散射电平的因素是光的脉冲宽度。影响噪声低电平的因素是扫描平均时间。多数的型号OTDR允许用户选择注入被测光纤的光脉冲宽度参数。在幅度相同的情况下，较宽脉冲会产生较大的反射信号，即产生较高的背向散射电平，也就是说，光脉冲宽度越大，OTDR的动态范围越大。

OTDR向被测的光纤反复发送脉冲，并将每次扫描的曲线平均得到结果曲线，这样接收器的随机噪声就会随着平均时间的加长而得到抑制。在OTDR的显示曲线上体现为噪声电平随平均时间的增长而下降，于是，动态范围会随平均时间的增大而加大。在最初的平均时间内，动态范围性能的改善显著，在接下来的平均时间内，动态范围性能的改善显著，在接下来的平均时间内，动态范围性能的改善会逐渐变缓，也就是说，平均时间越长，OTDR的动态范围就越大。

盲区对OTDR测量精度具有一定的影响。将诸如活动连接器、机械接头等特征点产生反射引起的OTDR接收端饱和而带来的一系列“盲点”称为盲区。光纤中的盲区分为事件盲区和衰减盲区两种：由于介入活动连接器而引起反射峰，从反射峰的起始点到接收器饱和峰值之间的长度距离，被称为事件盲区；光纤中由于介入活动连接器引起反射峰，从反射峰的起始点到可识别其他事件点之间的距离，被称为衰减盲区。对于OTDR来说，盲区越小越好。盲区会随着脉冲宽度的增加而增大，增加脉冲宽度虽然增加了测量长度，但也增大了测量盲区，所以，在测试光纤时，对OTDR附近的光纤和相邻事件点的测量要使用窄脉冲，而对光纤远端进行测量时要使用宽脉冲。

OTDR的“增益”现象。由于光纤接头是无源器件，它只能引起损耗而不能引起“增益”。OTDR通过比较接头前后背向散射电平的测量值来对接头的损耗进行测量。如果接头后光纤的散射系数较高，接头后面的背向散射电平就可能大于接头前的散射电平，抵消了接头的损耗，从而引起所谓的“增益”。在这种情况下，获得准确接头损耗的唯一方法是用 OTDR 从被测光纤的两端分别对该接头进行测试，并将两次测量结果取平均值。这就是双向平均测试法，是目前光纤特性测试中必须使用的方法。

如果使用单模 OTDR 模块对多模光纤进行测量，或使用一个多模 OTDR 模块对例如芯径为 62.5 mm 的单模光纤进行测量，光纤长度的测量结果不会受到影响，但例如光纤损耗、光接头损耗、回波损耗的结果却都是不正确的。这是因为，光从小芯径光纤入射到大芯径光纤时，大芯径不能被入射光完全充满，于是在损耗测量上引起误差，所以，在测量光纤时，一定要选择与被测光纤相匹配的 OTDR 进行测量，这样才能得到各项性能指标均正确的结果。光时域反射仪原理如图 5.5 所示。

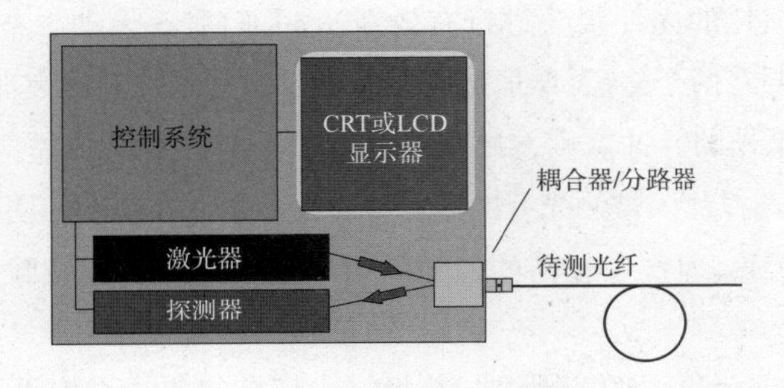

图 5.5　光时域反射仪原理图

5.4.3　参数设置

1. 波长选择(λ)

因不同的波长对应不同的光特性(包括衰减、微弯等)，测试波长一般遵循与系统传输通信波长相对应的原则。

2. 脉宽(Pulse Width)

脉宽越长，动态测量范围越大，测量距离更长，但在 OTDR 曲线波形中产生盲区更大；短脉冲注入光平低，但可减小盲区。脉宽周期通常以 ns 来表示。

3. 测量范围(Range)

OTDR 测量范围是指 OTDR 获取数据取样的最大距离，此参数的选择决定了取样分辨率的大小。最佳测量范围为待测光纤长度 1.5～2 倍距离之间。

4. 平均时间

由于后向散射光信号极其微弱，一般采用统计平均的方法来提高信噪比，平均时间越长，信噪比越高。

5. 光纤参数

光纤参数的设置包括折射率 n 和后向散射系数 η 的设置。折射率参数与距离测量有关，后向散射系数则影响反射与回波损耗的测量结果。这两个参数通常由光纤生产厂家给出。

5.4.4　使用方法

1. 开机测试

开机，进入主界面，点击"OTDR"进入 OTDR 测试界面。

2. 模式选择

在测试模式中可以选择"手动测试"，也可以选择"自动测试"，"手动测试"需自行设置参数。

3. 插入待测尾纤

将待测尾纤接入 OTDR 测光口。

4. 实时测试

用来实时观察光纤的状态，观察接口是否对尾纤状态进行预判。

5. 开始测量

设置完成之后，即可开始平均化，平均化完成后即可得出被测尾纤的光时域反射图，中途如需停止测试，可按下平均化，停止测量。

6. 结果分析

对测量到的光时域反射仪图进行分析。

5.4.5　测量图像分析

1. 正常曲线

A 为盲区，B 为测试末端反射峰。测试曲线为倾斜的，随着距离的增长，总损耗会越来越大。用总损耗(dB)除以总距离(km)就是该段纤芯的平均损耗(dB/km)，如图 5.6 所示。

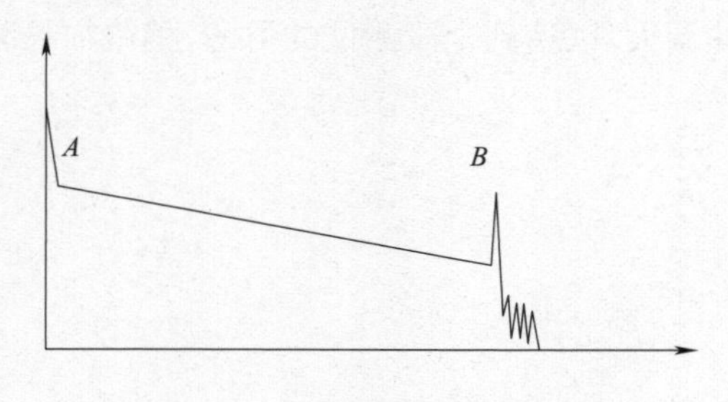

图 5.6　正常情况下曲线图

2. 尾纤未插好

仪表的尾纤没有插好，光脉冲根本打不出去，断点位置比较近，OTDR 不足以测试出距离来，如图 5.7 所示。

图 5.7　尾纤未插好情况下曲线图

3. 非反射事件(台阶)

这种情况比较多见，曲线中间出现一个明显的台阶，多数由于该纤芯打折，弯曲过小，或受到外界损伤等因素造成，如图 5.8 所示。

图 5.8　非反射事件情况下曲线图

4. 测试距离过长

图 5.9 所示是出现在测试长距离的纤芯时，OTDR 所不能达到的距离所产生的情况，或者是距离、脉冲设置过小所产生的情况。如果出现这种情况，OTDR 的距离、脉冲又比较小的话，就要把距离、脉冲调大，以达到全段测试的目的，稍微加长测试时间也是一种办法。

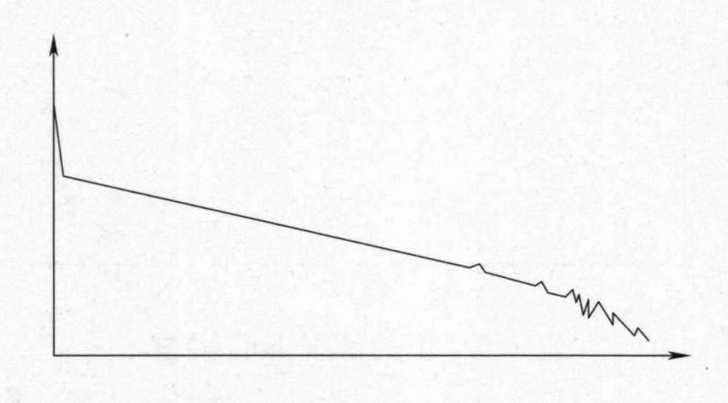

图 5.9　测试距离过长情况下曲线图

5. 正增益现象处理

正增益是由于在熔接点之后的光纤比熔接点之前的光纤产生更多的后向散光而形成的，如图 5.10 所示。事实上，光纤在这一熔接点上是熔接损耗的。常出现在不同模场直径或不同后向散射系数的光纤的熔接过程中，因此，需要在两个方向测量并对结果取平均值作为该熔接损耗。

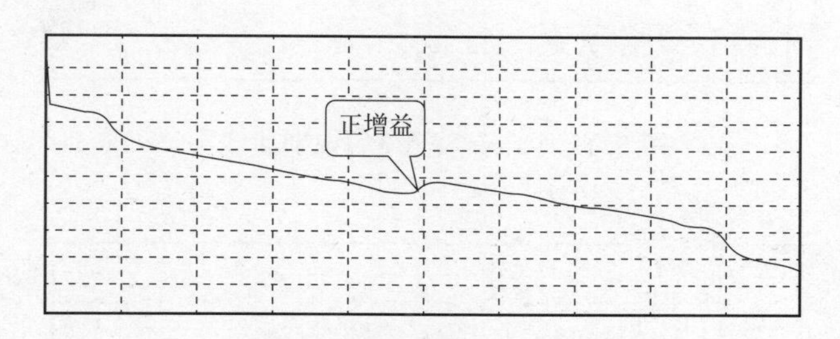

图 5.10　正增益现象处理情况下曲线图

6. 曲线远端没有反射峰

图 5.11 所示的这种情况一定要引起注意，曲线在末端没有任何反射峰就下折，如果知道纤芯原来的距离，在没有到达纤芯原来的距离曲线就下折，说明光纤在曲线下折的地方断了，或者是光纤远端端面质量不好。

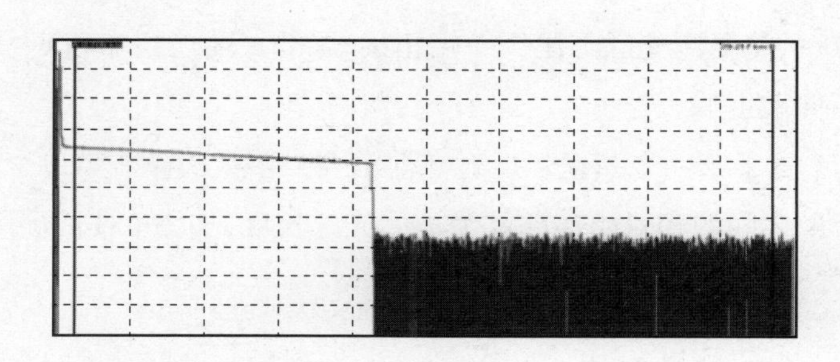

图 5.11　曲线远端没有反射峰情况下曲线图

7. 幻峰（鬼影）的识别与处理

幻峰（鬼影）的识别曲线上鬼影处未引起明显损耗图，如图 5.12 所示。沿曲线鬼影与始端的距离是强反射事件与始端距离的倍数，成对称状，如图 5.13 所示。

消除幻峰（鬼影）选择短脉冲宽度、在强反射前端（如 OTDR 输出端）中增加衰减。若引起鬼影的事件位于光纤终结，可“打小弯”以衰减反射回始端的光。

8. 光纤质量的简单判别

正常情况下，OTDR 测试的光纤曲线主体（单盘或几盘光缆）斜率基本一致，若某一段斜率较大，则表明此段衰减较大；若曲线主体为不规则形状，斜率起伏较大，弯曲或呈弧状，则表明光纤质量严重劣化，不符合通信要求。

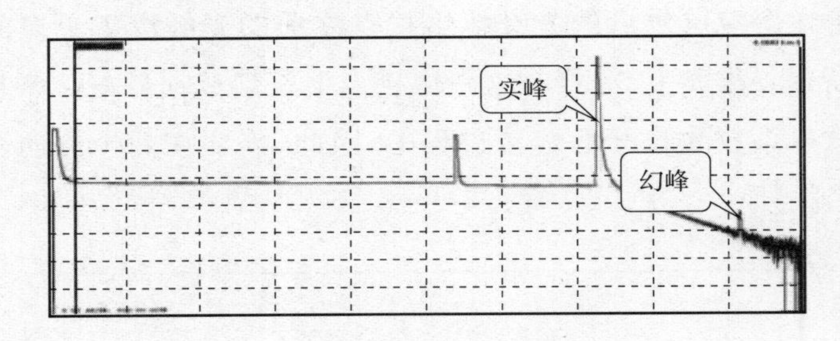

图 5.12　幻峰(鬼影)的识别曲线图

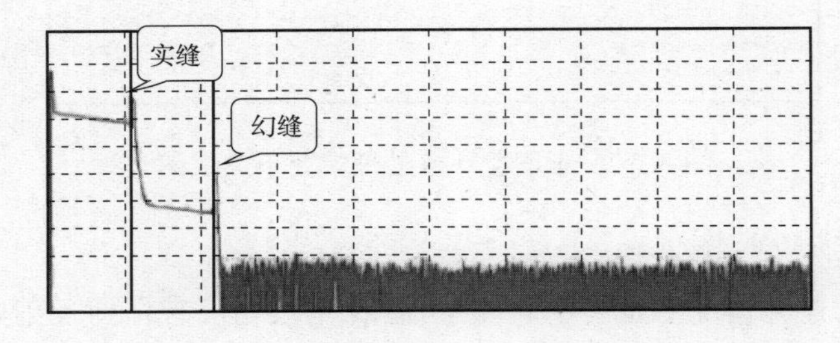

图 5.13　曲线鬼影与始端的距离曲线图

9. 长度测量

一般采用两点法，将受测光纤与尾纤一端相接，尾纤一端连到 OTDR 上，调整出显示尾纤和受测光纤的后向散射峰。

方法：将光标 A 置于第一个菲涅尔反射峰前沿，将光标 B 置于第二个菲涅尔反射峰前沿，光标 A 与光标 B 之间的相对距离差就为被测光纤长度，如图 5.14 所示。

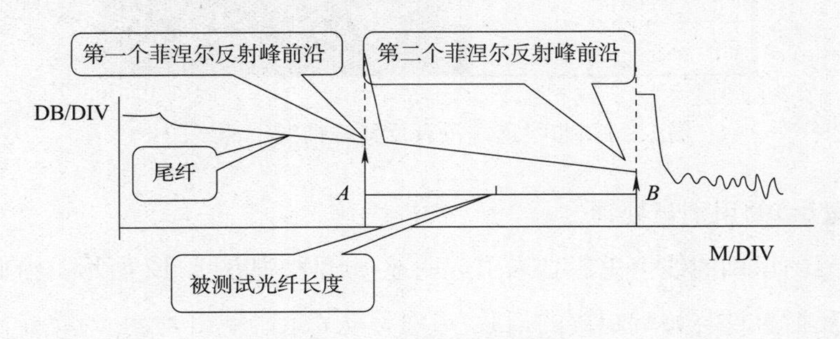

图 5.14　长度测量方法

10. 光纤衰减的测试

将光标 A 置于第一个菲涅尔反射峰后沿，曲线平滑的起点，将光标 B 置于第二个菲涅尔反射峰前沿，光标 A 与光标 B 间显示衰减系数就是光纤 A、B 间衰减系数，但非整根光纤的衰减系数。

11. 典型的后向散射信号曲线

(1)输入端的 Fresnel 反射区(即盲区);

(2)恒定斜率区;

(3)局部缺陷、接续或耦合引起的不连续性;

(4)光纤缺陷、二次反射余波等引起的反射;

(5)输出端的 Fresnel 反射。

后向散射信号曲线如图 5.15 所示。

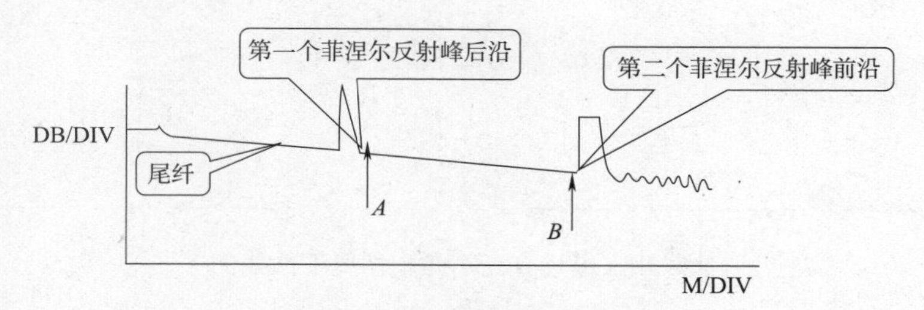

图 5.15　后向散射曲线示意图

12. 接头损耗的测量

方法:将光标定于曲线的转折处,如图 5.16 所示位置,然后选择测接头损耗功能键,便可测得接头损耗。

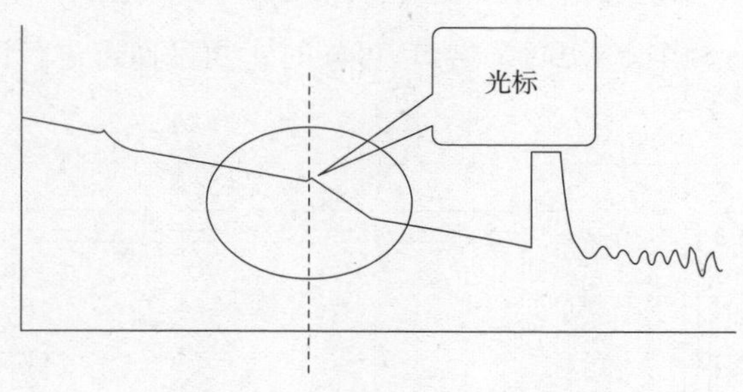

图 5.16　光标定位示意图

13. 波纹曲线图

指曲线有与脉冲频率相似的波纹状态曲线。其产生原因有可能是受测光纤工作频率与带宽频率刚好相同,此情况下,改变测试脉宽,同时应从受测光纤的两端进行测量。

14. 光纤末端面上比较脏或光纤端面质量差

光纤末端无菲涅尔反射峰,曲线斜率、衰减正常,无法确认光纤长度,如图 5.17 所示。一般清洗光纤末端面或重新做端面可恢复正常。

15. 模场直径不匹配

光纤连接器、耦合器、熔接点处产生一个明显的增益,一般测试衰减和接头损耗必须双向测试，取平均值可取得真实衰减值，如图 5.18 所示。

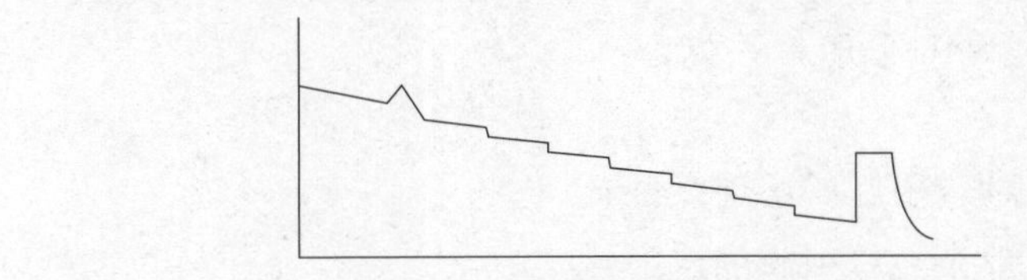

图 5.17　光纤末端无菲涅尔反射峰曲线图

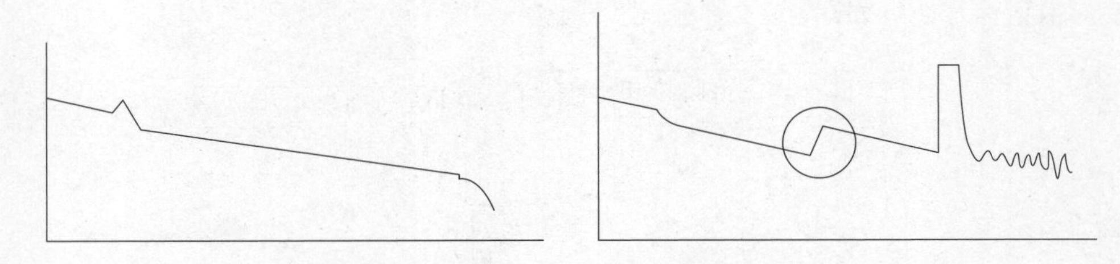

图 5.18　模场直径不匹配情况下曲线图

5.5　2M 误码测试仪

2M 误码测试仪，适用于数字传输系统的维护测试。2M 误码测试仪可对 2 Mbit/s 接口数字通道，同向 64k、RS-232、RS-485、RS-449、V. 35，V. 36、EIA530、EIA530A、X. 21 接口数字通道进行测试，具有两个 2 Mbit/s 接口，可同时对两条通道进行测试，如图 5.19 所示。

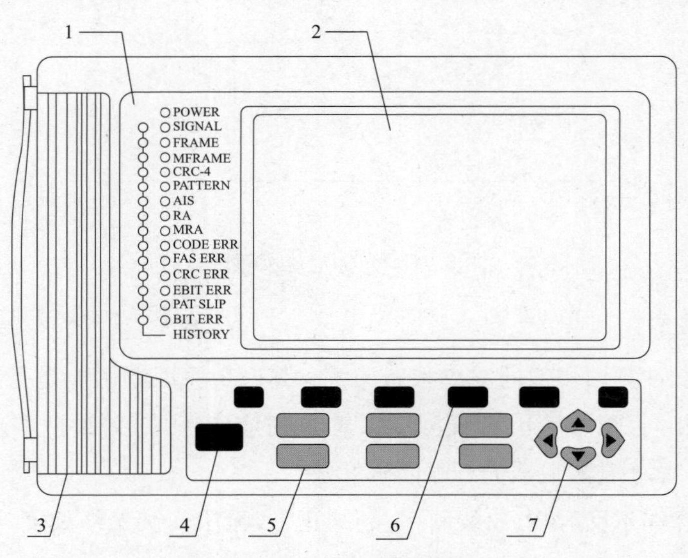

图 5.19　2M 误码测试仪面板

1—状态、告警指示灯；2—液晶显示器；3—监听扬声器；4—电源开关；

5—操作键；6—功能键；7—光标移动键

5.5.1　使用方法

利用快捷键可以从任何界面直接进入到另一个界面，还可以完成屏幕打印、结果打印、键盘锁定等功能。

任何界面中，当功能扩展键显示时，按键，液晶显示器的左下角会弹出快捷菜单，再按键快捷菜单自动利用光标移动键把光标移到所需选项，按ENTER键或F1键选择键盘锁定或直接进入测试设置、当前结果、设置存取、结果存取或仪表设置界面。

1. Tx/Rx1/DATA端口设置

接口方式为2 Mbit/s和同向64 kbit/s(接口方式为同向64 kbit/s时，相应选项自动无效)时的界面，左边表示发送端口的设置，右边表示接收端口的设置。

2. 误码插入

把光标移至误码插入栏，可选择以下选项。

(1)无：没有任何误码插入。

(2)Bit ERR：选择比特误码插入，比特误码插入可选择单次或率，率的范围为$1\times10^{-2}\sim1\times10^{-6}$。

(3)PAT SLIP：选择图案滑动插入，插入选择为单次。

(4)FAS ERR：选择帧误码插入，插入选择为单次、连续2、连续3、连续4。

选择误码插入后，若插入次数选择为单次或连续2、连续3、连续4，则按一次ERR INJ，就相应插入1个或2个、3个、4个误码，并在状态显示区显示0.5 s。若插入选择为率，则按一次ERR INJ，误码插入就开始，并在状态显示区显示，再按一次ERR INJ，误码插入停止，图标消失。

3. 告警插入

把光标移至告警插入栏，可选择以下选项。

(1)无：没有任何告警插入。

(2)AIS：选择告警信号指示插入。

(3)FAS LOSS：选择帧失步告警插入。

(4)RA：选择远端帧告警插入。

(5)MRA：选择远端复帧告警插入。

4. 频率拉偏

把光标移至频率拉偏栏，可选择以下选项。

(1)标准频率：恢复到标准频率。

(2)正拉偏：设置频率偏差为正值。

(3)负拉偏:设置频率偏差为负值。

(4)加 1:频率拉偏值加上 1。

(5)减 1:频率拉偏值减去 1。

(6)加 10:频率拉偏值加上 10。

(7)减 10:频率拉偏值减去 10。

(8)加 100:频率拉偏值加上 100。

(9)减 100:频率拉偏值减去 100。

(10)加 1 000:频率拉偏值加上 1 000。

(11)减 1 000:频率拉偏值减去 1 000。

5. 定时测试

把光标移至定时测试栏,可选择以下选项。

(1)关闭:关闭定时测试功能。

(2)打开:开启定时测试功能,并在状态显示区显示。

(3)设置:开启定时测试功能,设定定时测试时间,并在状态显示区显示。

(4)关机休眠:仪表进入关机休眠状态,此时仪表关机,POWER 灯闪烁,待所设置的测试启动时间到来时,仪表自动开机测试。

定时测试功能开启后,在状态显示区会显示,待所设置的测试启动时间到来时,仪表自动开机测试。

6. 测试时长

把光标移至测试时长栏,可选择以下选项。

(1)关闭:关闭测试时长功能。

(2)打开:开启测试时长功能。

(3)设置:开启测试时长功能,设定测试时长。

测试时长功能开启后,仪表测试到设定的时长后,会自动停止测试。

7. 自动重复

把光标移至自动重复栏,可选择以下选项。

(1)关闭:关闭自动重复功能。

(2)打开:开启自动重复功能。

自动重复功能开启后,仪表测试到设定的时长后,会自动开始新的测试。

8. 测试结果设置

设置测试结果:按 BE/BER 键,屏幕中央 BE 后可轮换显示“CUR”“MAX”“ACC”字样,仪表当前一秒内误码,最大误码,累计误码。测试时选择“ACC”。

开始/停止：按 Start/Stop 开始测试，屏幕右上有显示“RUN”，再按一下 Start/Stop 停止测试，屏幕右上角显示“Stop”。

注意：测试时一定要求按 Start，开始进行测试。

5.5.2　保养与维护

1. 使用过程中，应该注意收光功率问题，不能过高或者过低，否则会引起再生段误码及其他低阶误码。

2. 实际使用当中，需要常检查线路板、支路板、交叉板或时钟板，排除一些故障。

3. 设备正常运行中，对长时间使用造成设备温度过高，应该及时降温或者暂停。

4. 日常使用之前，可以先对仪表自环检查设置，确保设备正常。

5.6　视频综合测试仪

视频综合测试仪集数据波形监视器、视频指标分析仪、矢量显示器于一体，能对视频信号进行实时自动测试和调试，可存储及配有打印接口。

5.6.1　接线方式

接线方式如图 5.20 所示。

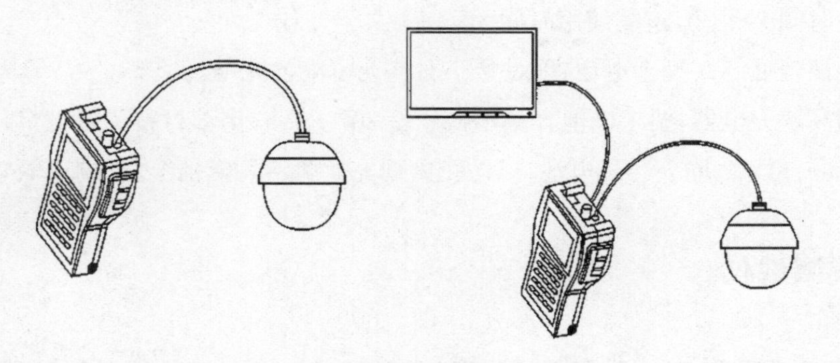

图 5.20　视频综合测试仪接线方式

5.6.2　使用方法

长按“POWER”键电源开关键 2 s 以上，电源打开。

开机工作状态，按“MODE”键，弹出下拉式功能菜单，连续按“MODE”键或向上/向下方向键，选择七种不同的功能，光标停留的功能菜单，2 s 后自动进入相关的功能界面。

在各种功能模式下，按“SET”，设置各种参数值。

工作中，长按“POWER”键 2 s 以上，电源关闭，也可设置定时关机。关机时记住现在的工作模式，重新开机时进入关机前的工作模式。

1. 视频信号强度测量

按“MODE”键，可连续按“MODE”键，或按上、下键，让光标停留在“视频设置”位置上，2 s 后自动进入“视频设置”界面。

1)可设置显示屏的亮度、对比度、色彩饱和度。

2)显示视频图像输入格式 PAL 或 NTSC，无图像输入时不显示相关制式。仪器自动显示，不需要设置。

3)视频信号强度测量，显示输入视频信号的电压值，显示“正常”或“过强”“偏弱”。仪器自动显示测量结果，不需要设置。

视频信号强度测量值，根据视频输入图像的制式，信号电平会自动在 IRE 和 mV 间切换，NTSC 制式采用 IRE 作为测量单位，PAL 制式采用 mV 作测量单位。

2. 其他功能测试设置

与“视频信号强度测量”类似。

5.6.3　注意事项

1. 充电方式是同步 PWM 降压高速充电，具有无电池检测和温度监控功能。

2. 充电时间 2～3 h，连续使用时间大于 4 h。

3. 可更换普通 AA 型干电池，但是禁止对非充电电池充电。

4. 采用高速充电器，要求电池容量不低于 2 200 mAh，化学材料为镍氢(NI-MH)。电池尽量采用同一类型、同一容量电池，以防止出现充放电不均衡情况，影响充电效果。

5.7　网线测试仪

网线测试仪用来对双绞线逐根进行测试，并且可以区分哪根线是错路线、短路或者开路。

5.7.1　外观结构

网线测试仪的外观结构由机盒、指示灯和接口组成，可以提供对 RJ-45 接口的网线进行测试，如图 5.21 所示。

5.7.2　使用方法

1. 导线连通的判断

将网线两端的水晶头分别插入主测试仪和远程测试端的 RJ45 端口，将开关拨到“ON”(S 为慢速挡)，这时主测试仪和远程测试端的指示头应逐个闪亮。

1)直通连线的测试：测试直通连线时，主测试仪的指示灯应该从 1 到 8 逐个顺序闪亮，如图 5.21 所示，而远程测试端的指示灯也应该从 1 到 8 逐个顺序闪亮，如图 5.21 所示。如果是这种现象，说明直通线的连通性没问题，否则就得重做。

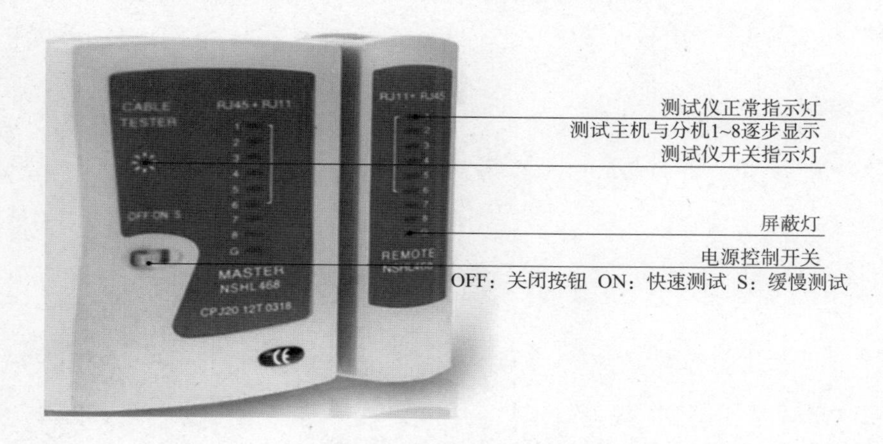

图 5.21　网线测试仪

2)交错线连线的测试：测试交错连线时，主测试仪的指示灯也应该从 1 到 8 逐个顺序闪亮，而远程测试端的指示灯应按 3、6、1、4、5、2、7、8 的顺序逐个闪亮。如果这样，说明交错连线连通性没问题，否则就得重做。

若网线两端的线序不正确时，主测试仪的指示灯仍然从 1 到 8 逐个闪亮，只是远程测试端的指示灯将按照与主测试端连通的线号的顺序逐个闪亮。也就是说，远程测试端不能按照上述测试步骤的顺序闪亮。

2. 导线断路的判断

1)当有 1 到 6 根导线断路时，则主测试仪和远程测试端的对应线号的指示灯都不亮，其他的灯仍然可以逐个闪亮。

2)当有 7 根或 8 根导线断路时，则主测试仪和远程测试端的指示灯全都不亮。

3. 导线短路的判断

1)当有两根导线短路时，主测试仪的指示灯仍然按照从 1 到 8 的顺序逐个闪亮，而远程测试端两根短路线所对应的指示灯将被同时点亮，其他的指示灯仍按正常的顺序逐个闪亮。

2)当有 3 根或 3 根以上的导线短路时，主测试仪的指示灯仍然从 1 到 8 顺序逐个闪亮，而远程测试端的所有短路线对应的指示灯都不亮。

5.7.3　注意事项

1. 应仔细检查双绞线颜色与 RJ-45 水晶头接线标准是否相符，以免出错。

2. 双绞线两端水晶头接线标准应做到相同设备相异、相异设备相同的原则。

3. 测试时要仔细观察测试仪两端指示灯的对应是否正确，否则表明双绞线两端排列顺序有错，不能以灯亮为准。